决胜未来：
幸福人生终极 11 问

［日］河田真诚　著
陈知之　译

中国科学技术出版社
·北京·

JINSEI KONOMAMADE IINO? SAIKO NO MIRAI WO TSUKURU 11 NO SITSUMON

Copyright © 2018 SHINSEI KAWADA ISBN: 9784484182261
All Rights Reserved.
Original Japanese edition published by CCC Media House Co., Ltd
Chinese translation rights arranged with CCC Media House Co., Ltd
through Shanghai To-Asia Culture Co., Ltd
Simplified Chinese translation rights © 2020 by China Science and Technology Press Co., Ltd.

北京市版权局著作权合同登记　图字：01-2020-4236

图书在版编目（CIP）数据

决胜未来.1，幸福人生终极11问/（日）河田真诚 著；陈知之 译.—北京：中国科学技术出版社，2020.11

ISBN 978-7-5046-8869-9

Ⅰ.①决… Ⅱ.①河…②陈… Ⅲ.①人生哲学—通俗读物 Ⅳ.① B821-49

中国版本图书馆 CIP 数据核字（2020）第 206376 号

策划编辑	申永刚
责任编辑	申永刚
封面设计	马筱琨
版式设计	锋尚设计
责任校对	邓雪梅
责任印制	李晓霖

出　　版	中国科学技术出版社
发　　行	中国科学技术出版社有限公司发行部
地　　址	北京市海淀区中关村南大街 16 号
邮　　编	100081
发行电话	010-62173865
传　　真	010-62173081
网　　址	http://www.cspbooks.com.cn
开　　本	880mm × 1230mm　1/32
字　　数	182 千字
印　　张	8
版　　次	2020 年 11 月第 1 版
印　　次	2020 年 11 月第 1 次印刷
印　　刷	北京盛通印刷股份有限公司
书　　号	ISBN 978-7-5046-8869-9/B·62
定　　价	78.00 元

（凡购买本社图书，如有缺页、倒页、脱页者，本社发行部负责调换）

前　言

用"问题"来消除迷茫

　　本书会成为你"人生的路标"。在你今后漫长的人生中，它会时不时为你提供一些必要的提示，是一本能支持你一生的书。

　　如果你正处于人生的迷途，不知道在之后的人生中该如何前行，不知道怎样才能活出最精彩的人生，不知道自己真正想做的事情是什么；如果你正在探索更美妙的人生，那么，我推荐你认真地阅读本书。如果你能够带着本书去旅行就再好不过了。

　　一直以来我都有一个疑惑：我们不是从小就被教导不能撒谎吗？不能撒谎、不能敷衍了事、不能不顾他人……我们在与他人相处的过程中，都遵循着这些教导。但是，我们却无法如此对待自己。不少人在生活中欺骗自己、敷衍自己，甚至完全忘记要为自己着想。人生的主角是自己，最应该重视的也应是自己，但我们却在不知不觉中过度在意起周围的人和环境，以至于忽视了自己本身。这究竟是为什么呢？

　　当你拿起本书，你的人生就开始发生改变了。最大的变化就是你能更加善待自己。你开始更为坦诚地珍视自己，迈向了真正属于自己的人生，抱怨和不满都随之烟消云散。与过去相比，你能从更深处感受到幸福。

　　虽说如此，本书中并没有什么至理名言，也没有热血的成功或励志的故事。这里有的是"问题"。**问题中蕴藏着伟大的力量**。我不断地回答问题，以此开辟了人生之路。我相信，在寻求精彩人生的路途中，我能做出哪怕迷路也绝不后悔的决断，是因为有那些

"好问题"。

请允许我介绍一下自己。我叫河田真诚,我的工作是"提问"。这是一份比较特别的工作,我会访问学校和企业,向公司员工和学生们提问。一般来说,讲师和顾问会提供答案,告诉大家怎么做更好。而与此相对,我的工作则是询问大家"你觉得怎样做才比较好",从而引导对方得出答案,有时候我也会和对方一起思考。

不可思议的是,在我提问之后,无论是烦恼的人,还是想要实现某些目标的人,最终都能够自己找到答案并获得令人惊异的优秀成果。大家常夸我了不起,但其实我只不过是提出了问题而已,因此了不起的并不是我,而是问题本身。

接下来我将会向你介绍"问题"了不起的原因,但我并非想通过本书来教会你什么道理。我将在本书中提到许多问题,并希望你能通过回答这些问题得到启发。

或许有人会问,光靠提问真的能改变人生吗?在这里,我想先谈谈我自己在人生道路上迷茫的经历。故事始于我大学肄业,后来我离了婚,也曾背负巨额债款,四处碰壁,但最后终于过上了发自心底感到幸福的日子。我想,在我的故事中,也一定会有许多引起你共鸣的部分。

目　录

前言　用"问题"来消除迷茫

第 1 章　获取人生地图 ·· 1

"和大家一样"很轻松，却会逐渐失去自我 ············· 2
你是否曾将宝贵的人生交给别人 ························· 3
不要听从别人的意见生活 ·································· 5
迎接叛逆期 ·· 6
大家的"好"，不等于你的"好" ························· 7
首先，去怀疑吧 ·· 8
活出自己就好，适当的自我满足没有什么不对 ········ 10
所有答案都在你心中 ······································· 11

第 2 章　人生由问题构成 ······································ 13

擅长提问，就是擅长思考 ································· 14
善于提问，世界更广 ······································· 15
好问题使你一生幸福 ······································· 16
五条规则，施展问题的力量 ······························ 17
发现自我的"问题之旅" ·································· 19

v

第 3 章　问题 1：你赞赏现在的自己吗　21

你认可自己的人生吗 …………………………… 22
为什么无法赞赏自己 …………………………… 23
人生会如你所愿 ………………………………… 26
希望与你一起回答的问题 ……………………… 27
做出"充满爱的选择" ………………………… 28

第 4 章　问题 2：现在，你感受到了什么　31

为何无法坦率地表达自己的心情 ……………… 32
如果能坦言讨厌，大家都能幸福 ……………… 33
悲观消极没有什么不对 ………………………… 34
巧妙地与自己的情绪相处 ……………………… 36
希望与你一起回答的问题 ……………………… 38
不要被情绪吞噬 ………………………………… 40

第 5 章　问题 3：想要放弃和扔掉的事物是什么　41

当你想出"想放弃的事物"，未来就能发生
　　改变 …………………………………………… 42
扔掉之后，会有新事物填补空隙 ……………… 43
试着去问"真的是这样吗" …………………… 45
该怎么扔 ………………………………………… 46
获取雀跃的开关 ………………………………… 48
希望与你一起回答的问题 ……………………… 49

如果不行，那就逃跑 ·· 50

第 6 章　问题 4：如果所有梦想都能实现，你想实现什么　51

别为梦想设限 ··· 52
写下想实现的梦想 ··· 52
不是"能不能做到"，而是"想不想做" ······················· 53
如果不为金钱所困，你会做什么 ································· 54
十年后的生活该怎样才最好 ·· 57
你真正想要的是什么 ·· 59
希望与你一起回答的问题 ··· 59
最切实的圆梦方法 ··· 60

第 7 章　问题 5：你为了什么而活　63

对每天的快乐生活来说必要的东西 ······························ 64
让每一天闪闪发光 ··· 64
打开"为了什么"的开关 ··· 66
为防止迷路，要有人生路标 ·· 67
"工作生活平衡（work-life balance）"一词的
　　不合理 ·· 67
你为了什么而工作 ··· 68
希望与你一起回答的问题 ··· 70
累积每一小步 ··· 71

第 8 章　问题 6：你想成为怎样的自己 ……………… 73

　　你想重生成为怎样的人 ……………………………… 74
　　性格不过是思维定式 …………………………………… 74
　　你能成为任何你想成为的人 …………………………… 75
　　我是一个……的人 ……………………………………… 76
　　你就是你，成为最好的自己 …………………………… 77
　　置身于能绚烂绽放之处 ………………………………… 78
　　希望与你一起回答的问题 ……………………………… 79
　　神清气爽地活下去 ……………………………………… 81

第 9 章　问题 7：你想要挑战什么 …………………… 83

　　成长之后，世界更广 …………………………………… 84
　　幸福是能达到极限的 …………………………………… 84
　　巨大的障碍使人成长 …………………………………… 85
　　为自己设置适当的障碍 ………………………………… 87
　　让成长产生差距的两种学习方法 ……………………… 87
　　首先，试着说"我做" …………………………………… 88
　　希望与你一起回答的问题 ……………………………… 90
　　最终不过归零 …………………………………………… 91

第 10 章　问题 8：我能给别人带去什么好处 ………… 93

　　成为必不可少的人 ……………………………………… 94
　　工作是"职业"×"工作方式" …………………………… 95

目 录

试着思考最棒的工作方式 ·················· 95
不是发现职业，而是规划职业 ··············· 97
能充分发挥你的能力的伟大工作是什么 ········· 98
你擅长什么 ···························· 100
你为谁带去幸福 ························ 100
你能给别人带去什么价值 ·················· 101
希望与你一起回答的问题 ·················· 102
收集别人的感谢 ························ 104

第 11 章 问题 9：为了让眼前人开心，你能做什么 ·········· 105

给予什么，就会得到什么 ·················· 106
人生由付出构成 ························ 107
与人分享，就能得到幸福 ·················· 108
不去期待回报 ·························· 109
让别人开心，机会也更多 ·················· 109
想得到认可 ···························· 110
希望与你一起回答的问题 ·················· 111
你能给予什么 ·························· 112

第 12 章 问题 10：烦恼的对岸有什么 ·············· 113

成功与失败总是如影随形 ·················· 114
一切都进展顺利 ························ 115
烦恼还是越少越好 ······················ 117

IX

希望与你一起回答的问题 …………………… 117
和烦恼成为朋友 ………………………………… 121

第 13 章 | 问题 11：你想度过怎样的今天 …………… 123

光靠等待，是无法抓住幸福的 ………………… 124
归根结底，人生是每一个"今天"的积累 ………… 125
"真实的自己"时刻经受考验 …………………… 126
正确答案不止一个 ……………………………… 127
去尝试新事物 …………………………………… 128
希望与你一起回答的问题 ……………………… 129
开创人生 ………………………………………… 132

第 14 章 | 去创造你的人生吧 …………………………… 133

创造自己的"重要清单" ………………………… 134
珍视自己，坦诚面对 …………………………… 134
不断向自己发问 ………………………………… 135

后记 ……………………………………………………… 137

获取人生地图

第1章

"和大家一样"很轻松,却会逐渐失去自我

我是土生土长的日本广岛人。相信很多人也都和我一样,从小学开始就坚信取得好成绩才是正途,于是不断努力学习。"要想拥有精彩的人生,就必须学习很多东西。"我对此深信不疑,总是十分在意考试成绩。父母反复和我说"快去学习",而他们对于"为何要学习"也没有明确的理由,大概只是觉得,只要我能好好学习,他们也能在无形中放心。

在我决定要去读大学的时候,我也逐渐开始思考未来的工作。在探讨未来的发展方向时,各行各业的相关信息都被摆在了桌上,可是我对这些信息并没有什么想法,它们也无法使我振奋起来。这也是无法避免的。毕竟,无论是哪一个工作,我都不太了解,当然也没有什么实际的感受。

当时的我无法决定将来要做的事。最后,不是因为"我想要做什么",而是以"我擅长数学""和父母做同样的工作也不错"这种模棱两可的理由,在所剩不多的选项中选择了一所平凡且稳妥的大学。

如果我能够在那个"当下"描绘出让自己振奋起来的未来就好了。但是,我却选择了走上平凡的道路。现在,我觉得这个选择非常可悲,可彼时的我也只能看到眼前短暂的快乐,根本没有意识到这种悲哀。

怀着少许不适感,我漫无目的地成为大一学生。有一天,我看着早上公共汽车里满面倦容的大人们,突然一股不安袭来——我现在正走的道路,真的能通往我满心期待的未来吗?

我从小学开始几乎每天都在埋头学习。十二年过去,说实话我

已经完全厌倦了，如果可以，我不想再继续了。仅仅学了十二年就如此厌倦，那么对于接下来要持续四十年左右的"工作"一事，必须要更加认真地思考和对待。如果不做些有意思的工作，人生可能会变得无比痛苦。我从心底反感这种不得不忍受自己厌烦的事物的人生。

一旦萌生这样的想法，漫无目的地上大学就变成一件痛苦的差事。那时我才刚进大学，还得继续学习四年，而且我的学费还是父母替我出的，我家也不是什么富裕家庭，不能将父亲辛勤工作赚来的钱花在读没什么意思的大学上。于是，我就从大学退学了。现在回想起来，那是我第一次自己做出的决定。

你是否曾将宝贵的人生交给别人

当初如果有人问我，你为什么去上大学，我大概会回答，因为班级里的其他同学都说要去上大学。话说回来，我也从未想过为什么要去上大学这种问题，不过是随波逐流罢了。跟随着周围的步伐就可以什么都不用想，也不必担负什么责任，很轻松，也很安心。

但是，退学这个决定是非常可怕的，因为我会从此变得无依无靠，似乎会脱离"大家"这个范畴，而我也非常强烈地感受到了被排斥的恐惧。但是时至今日我都清晰地记得，在强烈的不安情绪中，同时也怀着小小的骄傲感，我终于走到了这一步，终于意识到单是遵循"因为大家这么说所以我就这么做"的理念去行动是不会获得幸福的。我开始扪心自问，并开始了新的生活。

当然，突然说要"活出自我"是非常困难的，因为其实我自己也不是很了解"自己"。我不知道自己到底想要做什么，所以就暂且试着和"大家"做同样的事。但是在尝试和"大家"做同样的事之后，我明显感觉到不对劲。像这样，我每次都想着要和大家一样而开始做某一件事，过了一段时间之后却又因为觉得不对劲而放弃，反复地循环"开始"和"放弃"，并在这一过程中寻找自我。

　　大学退学之后，我开始在过去十分向往的自行车店工作。大家都说，如果能成为公司职员，就既能出人头地，又能感受到涨工资的幸福，于是我就去公司上班了。但是对我而言，即便工资上涨，幸福感也不会上升。之后，我也试过自己创业开公司。大家又说，公司越大越好，员工越多越好，营业额越高越好，于是我就去努力奋斗了。但是，无论公司发展得多大，我都无法感受到丝毫的快乐，而内心却越来越疲惫。

　　在积攒了各种各样的经验之后，我也逐渐开始明白自己内心真正追求的东西。于是，我放弃了壮大原公司业务，独自重新创业，与合得来的伙伴们一起，只做自己想做的事情。距离我采用现在的工作方式已经过去了将近十年。而我，也终于获得了我心目中的幸福。

　　过去，我曾因过度在意"大家"而迷失在人生的道路上。当然，在一边烦恼一边绕远路的过程中，我也收获了许多，因此完全不后悔。但是，如果在人生的每一个重要节点我都能更加透彻地思考，也许我的人生也就不需要绕这么多路了。

　　幸福是一种非常私人的感受。即使是大家都觉得幸福的事物，如果你自己无法从中感到幸福，那就不能称之为你的幸福。幸福只存在于你的内心之中，所以不要将自己的幸福寄托在别人身上。就像童话《青鸟》[一]一样，蒂蒂尔和米蒂尔发现外面到处都找不到的幸福原来就在自己家中。真正的幸福不在"外部"，而在自己的"心中"。

　　[一] 《青鸟》是比利时戏剧家莫里斯·梅特林克创作的戏剧。——译者注

不要听从别人的意见生活

现在，你已经拿起了本书，说明或许你也像过去的我一样，在人生的道路上迷失了方向。

"明明已经努力走到这一步了，却还是无法获得想要的幸福。"

"这样继续下去真的好吗，实在是令人担忧。"

"是不是还存在更精彩的人生呢？"

"今后的人生，到底要怎样过才比较好呢？"

你也一定怀有同样的心情吧：就算购买时髦的衣服，去热门的景点，逛口碑好、人气高的商店，却还是觉得少了点什么；就算工作取得成功受到表扬，就算和朋友一起热热闹闹地度过愉快的时光，却还是感受到了内心的空虚。

即使有想说的话，尽管明明不愿意，却想着不能因自己而伤了和气，或者害怕被人讨厌，于是只好压抑自己内心的真实想法。你是否也有过这样的体验呢？

许多问题都是因为比起自己的心声，你更重视大家的声音。也就是说，你在无意中隐藏了自己的想法。隐藏自己的想法在当时或许会令人舒适，但是问题会愈演愈烈。而且，要是能完完全全藏起自己的想法也就罢了，可是自己的想法并不能轻易地完全掩藏。内心的真实想法会从缝隙中溜出来，使情况变得更麻烦，最终我们无法隐藏真实想法，使自己陷入痛苦。既然如此，那就干脆敞开心扉，坦率地说出心里话，这样生活还会变得更美好一些。

世界上有一些人根本没有意识到，如果将自己的人生交给他人，是无法抓住真正的幸福的。他们没有发现在外面还有广阔无垠的世界正朝他们敞开怀抱，就放弃了追寻和探索，还觉得"人生不过就是如此"。因此，我想衷心地祝贺你：恭喜你能在每天的生活中感受到"不对劲"。感受到不对劲，也就意味着你做好了迈出狭小天地、冲出重重屏障的准备。

但是，至今为止你一直生活在狭窄的围栏中，倚靠着他人的守护，活得安全又放心，突然被放逐到荒原中，难免会担心自己能否存活下去。在这种情况下，我希望你能耐心、仔细地读一读本书，并从中找到一些能支撑你、成为你的目标和精神财富的内容。其实荒原没有你想象的那么可怕，荒原之中也蕴藏着巨大的可能性。

迎接叛逆期

我想谈谈，究竟为什么我们内心的真实想法会陷入迷途。

在我们刚出生时，对世界一无所知，所以父母和老师会不断教导我们，帮助我们区分生活中举足轻重和无关紧要的事物。这也就是所谓的"价值观"。正因如此，我们才能顺利地走到今天。

同时，无论是怎样的人，都身处公司、组织等集体中，必然会与他人产生关联，因此难免会在意他人的想法，会去询问大家的意见。只要意识到"大家"的存在，自己就不再是孤立的个体，会觉得非常放心。只要这样，就不会被大家排挤，也不会被人在背后指指点点。

无论是遵照父母、老师的价值观生活，还是在群体的意识中生活，也许都不是坏事。在他人给予的价值观和环境中生活，你可以过得非常安心，也十分舒适。但是，你逐渐开始意识到，人生光是靠这种方式是不会真正快乐的。你是否开始对周围人说的话感到不适？你是否觉得越是与"大家"保持步调一致，越是感受到失去自我的恐惧呢？

大家的"好"，不等于你的"好"

你必须要脱离父母和老师"给予的价值观"。这是因为，你和你的父母、你的老师都不一样。你们生活在不同的时代，有着不同的个性，不应以相同的价值观生活。

同时，你也不必过多地在意大家的声音。<u>因为大家的声音只能成为"提示"，而绝非"答案"。尽管无论是"提示"还是"答案"都可能使人生变得更美好，但两者的本质有很大不同。</u>

<u>提示是引导你走向答案、帮助你做出判断的依据。提示的质量、数量、形式都非常重要，最好收集更多的、更独特的、更高质量的提示。</u>打个比方，当你进入餐馆时，如果发现菜单上的菜品种类非常繁多，就会难以决定要点的菜。如果尽是些没尝过的菜肴，就更加令你难以抉择了。此时你需要一些提示。如果能看看尝过的人的评论，参考他们的感想和推荐，你就能从中选出适合自己口味的食物。

在人生道路上做决定与此完全相同，你要在从未经历过的事物中选出最适合自己的一项实属不易。但是，世上这么多人拥有各种各样的价值观，走过了形形色色的人生，若能多去倾听他人的想法，就能为自己的人生选择找到提示。

不过，**最重要的是，一定要记住提示不能成为答案**。对大家来说的"好"，和对你来说的"好"是两码事。世间再怎么广阔，也不会有人曾和你走过完全一致的人生，因此你可以将身边的声音当作提示，但不能将其当作答案。如果认为周围人的意见就是自己的答案，那就会像我一样，尝试去做了，却总觉得不对劲，最终陷入痛苦。选择是要由自己来决定的。而这一答案，只存在于你自己的内心中。

<u>只要能清楚地意识到"提示"和"答案"的区别，就不会在人生中陷入迷途。</u>我再重复一遍，这两者的区别是非常重要的。

首先，去怀疑吧

大家应该都去过口碑网站上好评较多的餐馆或酒店。我们常常觉得，评分高的店就是"好店"，但其实这种想法应该引起我们的警惕。<u>一家店的评分之所以高，只不过是因为觉得它好的人比较多，但我们并不知道它对你来说是不是好的。</u>

判断事物好坏的人只能是你自己。哪怕口碑网站上的评价不好，只要你自己觉得好，那就够了。不盲目从众，要以自己的感觉来进行判断。

前一阵子，我和一个正在进行"婚活"⊖的女性团体进行了一次交谈。她们说由于不知道怎样才能成功地结婚，于是就去网上寻求答案。网上确实有数不胜数的建议，告诉她们该穿什么样的衣服，做什么样的发型，怎样化妆打扮，如何举手投足。在这之中，的确有一些有用的信息。

我完全没有想要否定她们。但是，囫囵吞枣地接受那些信息，真的就能实现愿望吗？对此我表示怀疑。如果按照那些信息中所说的去做就能够顺利结婚的话，那么现在就应该没有大龄未婚青年

⊖ "婚活"为日语"結婚活動"的缩略语，指以结婚为目的举行的一切活动，包括但不限于相亲、约会、参加联谊或派对以及通过打扮、健身等提高自身竞争力的行为。——译者注

了。而且这么一来，全日本的女性都会穿起同样的衣服，做同样的发型，化同样的妆（虽然近年来的确有这样的趋势）。

怎样才能结婚，这个问题的答案只存在于你自己的心中。因为世界上没有第二个和你一模一样的人。网络上的信息可以成为你的提示，但不能成为答案。越是想要变得和别人一样，就越会减弱自身的个性魅力。我想要告诉她们的是，不要变得和别人一样，而应更加努力地活出自己的样子。我认为如果真的想结婚，这才是正确的"捷径"。

此外，我觉得更为骇人的是，有些人明明已经感觉到了不对劲，却坚信是自己的感觉出了错。虽然听上去有些可笑，但如果给人看圆形的图画，并询问"这是三角形吗"，在身边大部分人都回答"这是三角形"的情况下，回答"这是圆形"的人的自信和底气也会产生动摇。像这样，如果我们无法好好把握住"自己"，思想就会逐渐被"他人"占领。

世间所说的常识中，有许多也不过是因为大众如此认为而已，是少数服从多数的结果。这经常被认为是民主主义的缺陷，毕竟通过"少数服从多数"决定得出的答案，也并不一定就是正确的。虽然从结果来看这种方法确实能使大部分人满意，但如果不是每个人都能做出贤明的判断，最终就会导致错误的答案产生。少数服从多数的制度甚至可能抹杀一个天才。既然常识也不过如此，那么，囿于常识的框架之中自然也是荒谬的。

而且，就算你遵循了别人的意见或建议，别人也不会对你的人生负责。能够创造你自己人生的只能是你自己。你的人生属于你自己，要珍视自己的想法，不要轻易地全盘接受他人说的话。你要对每一件事物抱有疑问，不断询问自己的想法。

活出自己就好，适当的自我满足没有什么不对

为了能拥有自己想要的人生，你不应过度在意周围人的看法，更加率性地生活就好了。不过，一听到"率性"这个词，大家也许都对其有负面的印象。但事实果真如此吗？

本来，"率性"这个词就有保持自己原本的样子、率直不做作的意思。这和以自我为中心是不一样的。**以自己为中心指的是"只考虑自己"，而率性指的是"考虑自己认为重要的事物"。**

当然了，人类并非离群索居的生物，我们也要重视其他人的意见和心情。**最重要的是要站在你的立场上，以你自己的方式来为"大家"考虑。这样，你就能给周围人带去更多的幸福。**比起在意周围人的目光，率性地做自己反而可以使周围人更加幸福快乐。

另外，**自我满足也是非常重要的。**有人说，仅仅停留在自我满足上是不行的。但幸福终归是个人的体验。说到底幸福就是使自己获得满足感，因此只要自己觉得幸福，那就足够了。而使自己满足的一个方法，就是使大家幸福。

"肆意率性，自我满足"，换句话说，就是"以自己的方式使自己幸福"。这没什么不对。无论别人怎么说都没有关系，坦诚地去追求幸福就好。换个角度看，正是因为什么都不想，光看别人的脸色行事，全盘接受别人给予的东西，所以才无法觉察到自己该做的选择，把错误都归咎于他人，从而产生抱怨和不满。

如果能率性地去追求自我满足，就不会给自己找借口，也无法抱怨，这样才能舒畅、愉悦地生活下去。自己的人生只属于自己，没有谁能帮助你获得幸福。正因如此，你要依靠自己把握住幸福。人生中一个重要的课题就是，不要逃避自己的幸福。

所有答案都在你心中

人生的主角无疑是"你自己"。为了使自己的人生不被他人侵占，必须要将人生的主语从"大家"变成"自己"。

不是因为"大家都这么说"，而是因为"我自己这么想"。

不是因为"大家都这么做"，而是因为"我想这么做"。

不断进行这些选择，就能够"活出自我"。话虽如此，重视自己的心声也许并非易事。在这一过程中，你可能会担忧这样做是否真的可行，也可能会在人生的前进道路上迷失方向。但是，无论是判断好坏的标准，还是前进的道路和目标，这一切都只存在于你的内心。归根结底，自己的人生，只能由自己决定。

如果不能持续进行自我对话，心灵就会陷入迷途，所以我们要经常倾听自己的心声。为此，我建议大家向自己发问。

向自己发问，我们可以进行充分地自我对话，由此也能自然而然地发现属于自己的人生道路——那并不是别人给予我们的道路，而是我们自己内心所渴求的道路。

人生由问题构成

第 2 章

擅长提问，就是擅长思考

与自己内心对话的最好方式，就是向自己提问。我们总认为"问题"应该是向别人提出的，但事实上，向自己提问是对自己的人生非常有意义的事情。我在演讲、研修培训和做咨询的时候，每天都在不断地向众人发问，但与此相比，我向自己提出问题的数量远在其上。

为什么我建议大家向自己提问呢？因为这会让自己更好地进行思考。如果有人问你昨天晚饭你吃了什么，那你就会自然而然地去回想。人类就是有着这样的习性，一旦被提问，就会不自觉地进行思考，而我们在直面自我的时候也应该运用这种能力。

也许你即使想要去思索未来的人生，也不清楚从何开始，打开笔记本也不知道该写些什么才好。因为心中没有答案，你最终还是向他人寻求答案，内心便再度陷入迷茫。为了防止这种情况发生，我们在直面自己内心的时候应善用"提问"这一工具。

举个例子，在思考人生规划时，请先试着想象，如果任何愿望和目标都能实现，那你想要实现什么呢？

"想要去国外生活。""想要住在能看见海的房子里。""想要和朋友一起品尝美食。""希望游遍全世界。""想做喜欢的工作。""希望可以结婚，然后好好支持家人。"你的脑海中可能会浮现出各式各样的回答吧。（如果没有想到什么回答，那只是因为至今为止你没能好好地直面自己而已。不用担心，只要再花一些时间去寻找答案就好。）

像这样，我们仅靠一个简单的问题，就能使自己欣喜地思考未来的人生规划。正如爱因斯坦所说:"如果我在绝境中只用一个小时来解答一道决定我生死的问题,那我会把前面的55分钟花在寻找恰当的问题上。"问题可以成为"思考"最得力的帮手。

优秀的问题可以引导优秀的回答。据脑科学家称,包括无意识状态在内,人每天大约会自问两万次。当然,**问题的质量越高,答案的质量就越高,人生也会变得更加出色。好问题能创造出精彩的人生。**

善于提问,世界更广

问题除了能促进思考,还具有赋予你全新视野的力量。人的成长,就是开始思考过去从未思考过的事物的过程。人生经验越丰富的人,越是能够从多个角度看待同一件事物。因为能从多个角度看待事物,也就能够全方位地把握局势。

但是,去思考过去从未思考过的事物并不容易,实在是难以想象。

举个例子,在工作进行得不顺利的时候,我们很容易会想"为什么工作不顺利呢",一旦开始思考"为什么",就会觉得这也不行,那也不对,发现不计其数的漏洞和缺陷,意志也会渐渐消沉,认为自己一无是处,最终失去了干劲和自信。可能你也会意识到"仅思考这些令人低落的事情是不行的",但也不明白到底该怎样想才好——毕竟我们每个人都存在思考的极限。

此时,你可以试着改变向自己提出的问题。例如,你可以问问自己:"要怎么做才能圆满地完成工作?"这样,你就会想到去尝试各种方法,发现一些解决方案,心情也能变得明朗、舒畅。

像这样,仅仅是改变问题就能改变看待事物的态度,现实也会理所当然地发生变化。如果一直都从同一个角度进行思考，做出同样的选择，采取同样的行动，结果当然也是一成不变的。

改变思考方式，结果自然会发生改变。如果在你自己心中有一系列的"问题集锦"，那么就能轻松地改变观察事物的角度。

好问题使你一生幸福

我在年轻的时候也曾以为，只要有无尽的财富，就一定能获得幸福。但是随着年龄增长，我逐渐感受到，比起金钱，与他人的交往与联系和不断进行的挑战，才能给我带来幸福感。"什么是幸福"的答案就是如此，总是日异月殊。没有什么"答案"能永远适用。尤其是在现代社会，价值观和环境瞬息万变。即使你去学习更好的做法，寻求类似成功法则般的标准答案，也很可能到明天就不适用了。对你来说，能够直接套用过去的答案和他人经验的可能性微乎其微，因为答案随时都在发生变化。

因此，比起"答案"，"问题"才更为关键。出色的问题能时不时地提醒自己，引导自己。无论在哪个时代，"问题"都能够通用。好问题会引导你走向幸福。

毫不夸张地说，人生就是由你抛向自己的问题所构成的。让我们向自己提出一些优质问题，来帮助我们思考，看清前路吧。

从第 3 章起，我会介绍 11 个问题。当你站在人生的分岔路口或是想要重新审视自己的人生时，希望你可以问问自己这 11 个问题。所有问题都举足轻重，改变了包括我在内的许多人的一生。希望你能花时间认真思考，踏上自己的心灵之旅。我相信，你一定能在这趟旅程中邂逅全新的自己。

五条规则，施展问题的力量

在开始后续内容讲解之前，我想先介绍一些回答问题的技巧。问题不是回答完就可以的。强大的东西在被用作武器的同时，也可能会成为毒药。在这里，我想介绍一下有效利用问题的五条规则。

规则1　写在纸上

在继续阅读本书之前，我希望你能准备好纸和笔，以便写下书中问题的答案。回答问题的时候不仅要动脑思考，还要自己动笔写下来。将答案写出来，不仅能使你更好地理清思路，还能帮助你站在自我之外，更加客观地审视自己。因此，我希望你能把答案写下来。

规则2　所有答案都是正确答案

也许你会对自己的答案没有信心，一边想着"这样的答案真的没问题吗"，一边在意起他人的答案。但是，写下你的答案就好。或者说，你的答案才是最好的。

我们对自己提问，是为了不再在意周围的声音，是为了重视自己的心声。但是，如果你在这一过程中还要去在意他人的答案，岂不是本末倒置了吗？而且，就算知道了别人的答案，你也无法直接从中找到自己心中缺少的内容。最终，你只能保持原样，停滞不前。

不必逞强，不必畏惧，展现此刻真实的自己就好。无论你写下什么答案，它们都是正确答案。

规则3　想不出答案也是一种正确答案

对于一些问题，你可能怎么想也不知道该如何回答。这种时候，不必焦急，也不必对自己失望。这不过是因为你过去从未思考过这些问题，同时这也就意味着，现在的你还有充分的成长空间。试着去仔细思考从未想过的问题，你就能走向焕然一新的世界。

能否快速回答问题并不重要。相反，持续地去思考一个问题才是关键。我曾经就一个问题思考了一年多的时间。还有一个问题我思考了七年多，至今仍未找到答案。但是，在思考的过程中，我发现了许多有用的内容，也获得了成长。思考问题比回答问题本身更加重要。

而另外，有一些问题，你或许能立马回答出来，但此时要注意了，这很可能是因为你的内心已经有了预设的答案，未经思考就直接回答了。如果你立马回答出了一个问题，我建议你问问自己："真的是这样吗？是否有更好的答案呢？"

规则4　询问他人的答案

在"规则2"中，我提到不必在意他人的答案。毕竟自己的答案才是最重要的，我们无暇顾及他人的答案。但是在某些时候，尤其在你尝试拓宽世界的时候，他人的答案也是必不可少的。

了解他人的答案之后，你会发现"原来还有这样的思考方式"，从而提升自己的价值观。这一点在人生中至关重要，因为价值观的提升也意味着成长（详细内容会在后文中说明）。

但你一定要记住，他人的意见可以成为"提示"，不能成为"答案"。答案只存在于你自己的内心。

在接收他人答案的过程中，你可能会产生一些新鲜的想法，也可以在参考他人答案的同时进一步探究自己的答案。但是，一开始就去询问他人的答案可能会对自己的想法产生影响，所以要先认真地向自己发问，在找到自己的答案之后再去询问他人的答案。

我希望你能记住，在与他人共享答案的时候，要以认可所有答案的态度去倾听。如同我在"规则2"中所述的那样，所有答案都是正确答案。大家的价值观原本就各不相同，不能用自己的价值观去评判他人的答案。如果能欣赏与自己不同的价值观，你的世界也会变得更加宽广。在倾听的过程中，不要去评判事物的好坏。无论是什么样的答案，我都希望你可以赞许它。

规则 5 时刻欢欣，尽情享受

下一章中提出的问题会给你的人生带来巨大的影响。思考问题固然重要，但我希望你不必过于严肃。从本质上来说，我们最应做的是去"享受"。

美好的未来会伴随着欣喜的心情一同到来。不要想"哪个才是正确答案"，而要想"哪个答案才会使人雀跃"。希望你能发现属于你的令人喜悦的答案。虽然多次重复显得有些啰唆，但我还是想再强调一遍：所有答案都是正确答案。

发现自我的"问题之旅"

接下来我将会介绍一些我在重新认识自己的人生时提出的重要问题。回答这些问题可以让你重新审视当下，发现自己的真实想法，如此日积月累你就能更深入地了解自己。这些问题不仅对我自身有效，对我周围的人来说也是非常有效的。希望大家可以满怀诚意地看待它们。

但是请你一定要记住，这里所写的也只不过是提示。在阅读本书和回答问题的过程中，可能会出现一些触动你内心的内容，也可能会存在一些使你焦灼、产生否定情绪的内容，这也是很正常的。

　　无论情绪是好是坏，我都要在你内心掀起波澜，让你的感情发生变化。只有内心发生了变化，你才能够感受到自我。希望你可以去体会这种情绪的变化。那么接下来，我将为你介绍这11个问题。

　　欢迎踏上寻找自己内心的旅程。

第3章

问题1：你赞赏现在的自己吗

当你客观地看待迄今为止自己的人生和每一天的生活时，你能毫不犹豫地赞赏自己吗？赞赏他人是比较容易的，但令人意外的是，赞赏自己却非常困难，因为我们无法回避自己内心的真实想法。

如果我们实际上并不认可自己，却试图掩盖真实想法而去赞赏自己，那么我们的内心也会发觉这一事实。这一偏差逐渐在内心积攒，形成压力。最终，为了缓解压力，抱怨和不满情绪也会纷至沓来。

幸福的形式（对幸福的定义）因人而异，所以去追寻属于自己的幸福就好。但重要的是，你是否真的能发自内心地赞赏自己？也就是说，你是否正度过内心能够认可的人生呢？

这一问题可以让你暂时停下人生路上匆忙的步伐，重新对自己进行审视。希望你每天也好，每周也好，都可以时不时地去回答这个问题。如果得出的答案是"不"，那么就去探究原因并进行改善。

你认可自己的人生吗

如果有人问我人生中最重要的事情是什么，我会毫不犹豫地回答："人生中最重要的事情是认可自己的生活。"每个人走上的人生道路各不相同，他人无权说长道短，但最痛苦的莫过于自己也无法接受自己的人生。

不认可自己的人生，是因为自己没有做出选择和判断。我在上小学的时候非常讨厌学校的伙食。当时的规定非常不合理，明明自己没有选择食物的权利,却禁止剩饭、剩菜。即使接受了别人给予的东西,若内心不认可,也只会产生不满和抱怨。我想在认同的基础上自己做出选择。

以工作方式为例,目前大体有两种不同的工作方式,一种是在公司工作,另一种是自己创业。成为公司员工的优势是稳定,但缺点是不自由。而成为创业者的优点是自由,但是同时也存在不稳定的缺点。无论哪一种工作都有利有弊。

如果我们在自己内心接受的情况下选择成为创业者,那么即使这个月的销量较少、出现不稳定的情况,也能够像对待游戏一样泰然接受并乐在其中。同样,如果我们在自己内心接受的情况下选择成为公司员工,也就不会去羡慕创业的人不用坐拥挤的公共汽车、可以自由休假。只要我们自己认可,就不会"见异思迁"。

这里我们讨论的并不是公司员工和创业者哪一个更好的问题,而是能否做出自己内心认可选择的话题。

如果能够自己做出决定,就至少不会产生抱怨和不满。若有所不满,只要变更选项就好了。之所以能够认可和接受,是因为我们在理解各项区别的基础上,经过自己思考之后做出了判断。

为什么无法赞赏自己

希望你能认真思考一下,如果你无法赞赏自己,那么这其中的原因到底是什么呢?在你思考的基础上,我会介绍一些我认为可能的原因,并且提供一些解决方案。

第一个原因是看待事物和思考的习惯。你更注重自己拥有的东西,还是更注重自己缺少的东西呢?看到眼前的杯子里装着半杯水时,有些人认为"还有半杯水",他们更注重自己拥有的东西;而另一些人认为"只有半杯水了",他们更注重自己缺少的东西。

这种思维方式的不同会对人生造成巨大的影响。如果世上存在幸福的人与不幸的人,那么这一差别就取决于他们更看重哪个部分。看重自己所缺少的东西的人,就算获得的东西再多,也会觉得远远不够,永远无法得到满足,至死都难以体会到幸福的滋味。

而与此相对,有些人可以从日常生活的琐事中发现幸福。例如,今天天气好到令人心情舒畅,或者偶然走入一家午餐很好吃的饭店等。这些人通常更看重自己拥有的东西,无论处于何种状态都能够感受幸福。

能否赞赏自己也取决于你看重自己的哪个方面。首先,我们应从日常生活中的细微之处发现自己值得表扬的部分。

第二个原因是因为你不知道幸福是什么。我原本也是如此。在学生时代,我完全不知道自己想干什么,也想象不出自己的未来。理想不明确,也就无法创造出未来。这是因为过去的我没有好好地直面自己,同时提供给自己的选项也远远不足。这个问题是全书的主题,希望你能仔细阅读本书的各个章节(之后我也会介绍有关发现梦想的问题)。

应该说,问题在于缺乏诸如梦想、生活方式等通往幸福的选项。如我于第 1 章中所述,若没有选项,就无法进行选择。希望你可以去书店或电影院,看看名人传记和小说,多接触一些人生故事,以此来丰富人生的选项。

另外,我建议你去接触更多的人。你可以去附近的酒吧,在那里应该会发现形形色色的人。你可以尝试和他们对话,以此来尽可能接触到更多人的人生。这样,你就能明白他们心中的幸福,了解他们的梦想。

最重要的是,你要去涉足那些从未接触过的事物。一直流连于

相同的事物，世界是不会更加开阔的。去读一读从未读过的书，接触一些从未见过的人，世界就会变得更加宽广。 虽然当时可能会因为感受到人与人之间的差别而产生自我保护的退缩态度，但这种退缩其实没有意义。最重要的是享受彼此之间的差别。

第三个原因是因为你没有享受过程。也许你现在正处于逐梦的过程中，也许你想要结婚却没能实现，也许你想成为工作能手却缺乏实力。你知道怎样才能使自己幸福，但是目标还未实现，你正走在通往幸福的道路上，所以无法全心赞赏现在的自己。

如果你知道自己所追寻的最佳理想状态是什么，但是理想还未实现，那么你可能无法赞赏现在的自己。其实，我们可以尽情享受逐梦的过程。

梦想实现之后就只剩下现实。之前明明满心期待，现在却因习惯而失去了兴奋感，于是就只能开始计划下一个更远大的梦想。人是永远无法得到满足而不断索取的生物。如果只有实现梦想才能得到赞赏，那么人生一半以上的时间都无法被自己认同。享受挑战本身，学会赞赏自己吧（应该说，只去进行自己觉得有趣的挑战就好，否则就无法长久持续）。

第四个原因是因为你没有付诸行动。虽然你知道找寻梦想的方法，但是不知为何始终无法迈出第一步。人是害怕变化的生物。即使心中想着要去改变现状，结果却还是重复与前一天相同的日子。

解决方法是，要么构想出足够令人欣喜的未来，让自己自然而然地去行动，要么就持续难以赞赏自己的日子，直到自己无法忍受。

不管哪一种方法，周围的人都不会替你改变。能推你一把的，只有你自己。

人生会如你所愿

现在,我们已经知道了无法赞赏自己的原因,接下来让我们来想想让自己发自内心赞赏自己的具体方法。

这里有一个大前提希望你能记住:人生是会朝着你期望的方向前进的。**换言之,你的人生是由你所做出的选择构成的。**

无论眼下的现实如何,这一现实都是过去你所做出的每一个选择和决定的结果。我这么一说,可能会有人要反驳:"我才没期待过这样的现实!"

但是,请你好好想一想,一直以来从来没有任何东西能束缚你。现在不似往昔,没有什么身份制度,也没有严酷的压迫。在这个时代,无论选择哪一种生活方式和工作方式,都是你的自由。更何况,现今全球仍有许多人连生存都是奢望,而生活在日本的我们却能够通过自己的双手去创造理想的未来。能生活在这种幸福的环境中,实在是值得感激的事情。

有人可能会觉得自己成长的环境十分糟糕。但是,就算生于恶劣的环境中,仍然有许多人化逆境为动力,抓住了巨大的幸福。相反,有许多人出生在富足的环境中,却安于现状,白白浪费了自己的一生。是去挑战更精彩的人生,还是放弃挑战裹足不前,做出这一选择的人是你自己。

"应该怎样生活""应该重视什么""应该以什么为目标""应该成为怎样的自己"——这一切,都是你的自由。正是因为做出了自由的选择,才有了现在的你。

就像过去你可以自由选择一样,今后你也可以如你所愿地自由生活。这与你过去的情况毫无关联。虽然运用过去的经验很重要,但也不必纠结于过去。

对于未来理想而言，不必要的东西尽可抛弃。从明天起，你想要怎样生活完全是你的自由。未来有的是无限可能。希望你能过上发自内心赞赏自己的日子。

❓ 希望与你一起回答的问题

问题 如果你对自己有不认可的地方，那会是什么呢？

请你放眼观察至今为止自己的人生（包括日常生活、工作以及人际关系等与你自己相关的所有内容），试着写下你觉得不能接受的地方。要点在于，只要有一丝不适感或讨厌的情绪，就要如实将它们全部写下来。这样，你才能充分感受自己的想法。不要逼迫自己认可，也不能欺骗自己，试着去领悟自己的真实想法吧。最重要的是坦诚面对自己。

一提到"让人生变得更美好"，我们就会觉得这个话题过于庞大，让人犹豫不决，踌躇不前。但是，我们现在只是在尽可能地减少不满意的内容，以便使自己的人生更加美好。说得更简单点，我们要对身边的每一项事物展开自己的思考，并根据自己的意志做出选择。

认可和不认可的地方都会随着时间和环境的变化而发生改变。所以，我推荐你定期地重新审视自己。

问题 最佳状态是怎样的呢？

上一个问题中发现的"不认可的地方"的最佳状态是怎样的呢？同时你也应该想一想，"发自内心感到满意"的状态又应该是怎样的呢？这里的关键点是"最佳"。如果考虑"能不能做到"，思考的范围就会变得狭窄。同时，在尝试做之前就认定自己"做不到"而早早放弃也非常可惜。其实，事实并不是你"做不到"，只是你"觉得自己做不到"而已。你可以先抛开"能不能做到"这个问题，去想象自己"最佳的状态"，之后再去思考实现最佳状态的方法。

做出"充满爱的选择"

每个人都在每天的生活中不断地做出各种选择。这些选择持续积累，才成就了"现在"。所以如果你想要改变现实，就有必要改变自己的"选择"。如果总是做出同样的选择，现实当然也是一成不变的。你需要改变你心中判断好坏的"选择标准"。这里，我想为你介绍两个选择标准。

<u>一个标准是所谓的"可怕的选择"。"可怕的选择"指的是"应该做什么""必须要做什么"的指示。</u>比如像"社会人应该这样做""必须要工作"等，都属于这种选择。

我们在做出这种选择的时候，内心会逐渐走向疲惫，积攒满满的压力。因为我们选择的并非内心真实期望的选项。我们可能会不得不做一些其实不想做的事，也可能明明内心不是这么想的，却蒙蔽了自己的真实想法，那么我们自然会渐渐感到疲惫。

<u>另一个标准是"充满爱的选择"。"充满爱的选择"指的是"我想做什么"。</u>"身为社会人我想要变成这样""想要工作"，这些都是发自内心的真实想法。举个例子，同样是"工作"这一行动，使用可怕的选择做出"必须要工作"的决定，和使用"充满爱的选择"做出"想要工作"的决定相比，结果也会迥然不同。在日常生活中，要尽量多做"充满爱的选择"。

不过，只有实际尝试过才明白，要想做出"充满爱的选择"并

非易事。因为我们每天都有一些不得不做的事情。就像有些人想创业却不愿意自己跑销售一样，选择想做的事的同时也会伴随着一些不得不做的事。此时，你可以将不想做的事情委托给别人，或者思考怎样才能开心地去做那些原本不想做的事情。

另外，令人意外的是，有很多人即使想做出"充满爱的选择"，却不知道自己到底想做什么。在此之前他们一直都做着"可怕的选择"，突然转换到"充满爱的选择"，不清楚"充满爱的选择"到底应该是什么。因此，我们需要进行"康复训练"。其实我们不是不知道答案，我们的内心知道什么才是"充满爱的选择"，却将其隐藏了起来。所以，请你充分利用本书，学会与自己的内心对话吧。

为了能赞赏自己，为了能过被自己内心接受的满意的生活，放下"可怕的选择"，做出"充满爱的选择"吧！

第 4 章

问题2：现在，你感受到了什么

为何无法坦率地表达自己的心情

如果有人突然问你,你现在感受到了什么,你能否立刻回答上来呢?冷暖、饥饿等感觉容易察觉,但是,像"现在你的心情如何""最近有什么让你激动的事情吗""如果什么都能做的话,你觉得做什么最能让你开心"这样的问题,如果突然被问到,你却会一时不知该如何回答。

让我们来想想,为什么这种问题如此难以回答。

这是因为我们压抑了内心真实的自我。从小学开始,我们就在集体中行动。在长期被要求"必须要做什么"之后,我们渐渐地不再将自己的心情置于首位。而且,因为我们心里总想着"不能给大家添麻烦",于是在不知不觉中进一步忽略了自己的心情。

进入社会之后也出现同样的情况。公司的时间管理不会照顾到每一个人的心情。不管你状态如何,你都必须按要求去上班。

比起"自己觉得如何",公司的方针、上司的想法、顾客的心情才是你最应优先考虑的。在这种情况下,你会不断地告诉自己,只有自己妥协,配合周围的人,才能被称为合格的成年人。于是你会隐藏起自己的心声,不断孤立自己的心情。所以,就算突然被问到"你现在心情如何",你也无法当即回答。至今为止你一直将自己的心情置于孤独的境况中,突然试图与内心进行对话,得不到回应也是理所当然的。内心的真实想法因为你一直对其不理不睬而与你闹起了别扭。

如果能坦言讨厌，大家都能幸福

如实地表达出自己的心情后，真的还能在社会上生存下去吗？的确，在学校这样的组织中，大家都必须要在同样的时间、同样的空间做同样的事，无法照顾到每一个人的不同情况。但是，成年之后，我们似乎将孩提时期的习惯深深烙在了心里，并且一直延续了下去。如果对讨厌的事情坦率地说"不"，会发生什么呢？会没有工作？会被大家讨厌而变得孑然一身？让我们一起来想想究竟会发生什么事。

首先，在工作时，如果你接下了讨厌的工作，会出现什么样的结果呢？你顶多只能将工作勉强完成以达到合格线，不会取得令人惊叹的出色成果。那么，你的工作表现就不会受到褒奖。

其次，你在做自己讨厌的事时，也会积攒压力。作为公司，它们更希望将同样的工作交给那些能够充满活力地做出成果的员工。

无论是对你来说，还是对公司来说，比起忍气吞声地被迫接下工作，都不如快乐地去工作更好。这不是为了让你更轻松，而是为了全面发挥你的能力和干劲。而且，勉强接受不愿做的工作，对工作本身也是极不尊重的。在面对讨厌的事物时，你应该勇敢地拒绝，让自己学会坦言厌恶之情也是非常重要的。

接下来我们来想想人际关系。这个道理也很简单，你真的会想和那些自己明明不喜欢却还得假装友好的人好好相处吗？如果是我，我更希望构建能够互相倾诉真心话的关系。掩饰自己的想法与他人相处，在当时表面上看上去似乎还不错，但是，如果之后听说其实对方不喜欢你，也会使人意志消沉。从不讲真心话、只说表面客套话的人，是无法长久深入地与他人交往的。

当然了，大家都是成年人，相互谦让、彼此磨合也是很重要的。如果所有人都只坚持自己的想法，那么就不存在集体的概念了。请你不要误解，我并非让你不顾及他人的心情并以自己为中心。我想说的是，<u>要坦诚地表达自己的心情。</u>如果试图糊弄自己的真实想法，对你、对其他人来说都没有好处。你要表达真实的心情，寻找与他人相互妥协与和解的中点。如果连自己都不明白自己的真实想法，也就无法与他人和解了。

我这么一说，"坦言讨厌"看上去好像是件理所当然的事，没必要特地浪费篇幅来阐述。但是，事实上有许多人由于无法坦言讨厌，最终甚至选择结束自己的生命，因此这是一个非常严重的问题。

我们现在可以非常明确地看到，面对讨厌的事物直接坦率地拒绝，无论是对自己，还是对周围的人来说都是件好事。如果有人无法理解，你可以把本书送给他。他肯定也身处无法坦言厌恶之情的环境，请你帮帮他吧。

悲观消极没有什么不对

你是否在强迫自己乐观呢？如果你原本就是积极向上、永远充满活力的性格，那当然没关系。这种性格很棒，希望你能一直保持。

但是，任何人都会陷入悲观、消极的情绪中，会有愤怒、悲伤、焦躁的心情。你是否曾对自己说"不行，我要保持积极乐观""必须要保持活力""不能烦躁"，以此来试图封锁这些负面情绪呢？

确实，积极要比消极更好。像我在问题1中所述，幸福不是由品质和数量决定的，而是取决于看待事物的角度。

在电视节目中，常常会有喜剧演员谈及发生在自己身边的有趣的事，但是有趣的事情绝非只发生在他们身边。他们时常竖起自己的"天线"，寻找有意思的事物，这样才能发现那些被我们遗漏的趣事。

幸福也是一样的。幸福的人擅长寻找幸福，而不幸的人则善于发现不幸之处。这样想来，处于积极状态的人确实能比处于消极状态的人收获更多的幸福，这种能力是可以通过训练来掌握的。

这里我想强调的是，消极情绪也能发挥作用。情绪并无好坏之分，两种情绪都是正常的，只对其中一种情绪产生反感则违背自然。

让我们来试想，如果人类失去了所有消极情绪会发生什么呢？我认为那将会变得非常危险，有很多人可能会不顾危险和风险就横冲直撞，甚至自毁一生。但是，如果我们有消极的情绪，会事先想象"万一"的情况和可能出现的失败，这样就能采取更完善的措施。

我认为，心思细腻、能换位思考的人往往也能设想"万一"的情况。有些人在去国外旅游之前，会考虑到各种可能出现的突发状况，做好周全的准备，他们就属于这种类型。如果身边的人明明觉得很冷，让他积极地去想"没关系！总会有办法的"也无济于事，因为寒冷这一事实无法改变。如果有人抱头苦思、愁眉苦脸，即使你告诉他"总会有办法的"，现实也不会发生任何变化。发挥你的想象力，思考"万一"出现时的负面情况，才能对他人产生同理心，也会采取更具体有效的解决方法。

此外，悲伤不是坏事。悲伤的情绪无从改变，所以，难过的时候就好好难过。正是因为没能正确处理悲伤的情绪，人才会总被悲伤影响。许多女性在分手之后都会大哭一场，因此第二天就能立刻恢复精神，积极地迎接下一段恋情。但是，男性却很少哭。他们一直都在试图压抑自己的伤心，反而会被持续影响。所以，当我们难过的时候，尽情去难过就好了。

我因父亲去世而经历了巨大的悲伤之后，再次发现了生活中巨大的欢欣——更加珍惜和家人在一起的时光。

如果能够吃到饭是一件理所应当的事，那么只有非常豪华的美食才能让人感受到幸福，因为幸福会使人麻木。但是，如果有过类似住院等无法正常进食的经历就会明白，最简单的饭菜也美味无比，会让人产生无尽的感谢之情。

身处光明之中，难以察觉到光明。但是，如果有阴影，人们就会注意到光明，也会产生感激之情。如果没有消极情绪，我们可能就无法感受到生活中的那些小确幸，也就无从获得更大的幸福感。

不必主动地去追寻消极情绪，但也不必对其反感、嫌弃。违背自然的事物最终定会因失去平衡而崩塌。所以，不要封闭感情，不要逃避，"拥抱"自己最真实的心情吧。

巧妙地与自己的情绪相处

我也说过，消极情绪是非常重要的。讨厌某事物的时候尽情去讨厌，悲伤的时候尽情去悲伤，痛苦的时候直说痛苦就好。不去评判好坏，而是接受最真实的情绪。为了诚实地面对自己的情绪，我希望你能做到以下两件事。

第一件事是如实地去感受。每当发生了什么事，就问问自己："我现在感受到了什么？"

例如，在吃饭的时候，不要考虑别的事情，而是专注地好好品

第 4 章 问题2：现在，你感受到了什么

尝：米饭在口中发生了怎样的变化、大概咀嚼了几下、闻到了什么样的香味、有怎样的口感，这些都要好好地品味。

感受声音也是个不错的选项。闭上双眼，侧耳倾听，会听到许多平常没有意识到的声音：汽车行驶的声音、风声、不知是谁在说话的声音……你会注意到各种各样的声音。你可以不时地去感受这种快乐。这样，你就可以找回自己的"感觉"。

此外，试着去坦诚地感受自己开心、快乐、悲伤和厌恶的心情。如果可以，最好现在立刻试着去感受。另外，我也建议你记录下来，每天回想打动自己内心的场景，记录下"今天在什么情况下感受到了什么"，写下那一刻的感受。简单地记录就好，记录在纸质的日记本上或手机的备忘录中都可以，关键在于要试着去回忆和记录。坚持记录一个月，你就会逐渐明白自己在什么情况下会产生怎样的情绪变化，也会感受到与自己相处的乐趣。请你一定要试一试。

<u>第二件事就是坦诚地表达</u>。开心就说开心，讨厌就说讨厌，伤心就说伤心，坦率地将自己的情绪传达给他人，告诉对方"我现在这样觉得"。尝试这样做了之后你就会明白，其实并不会发生什么可怕的事。只有你能重视自己的情绪，旁人才会更加尊重你的心情。

<u>非常重要的一点就是你也要同样重视他人的心情</u>。如果只重视自己的心情，就会被他人认为是以自我为中心而遭到批评。如果你能同样重视他人的心情，你就会变成一个令人愉快的人。<u>要记住不能擅自进行评判</u>。

举个例子，假设你现在很开心，而身边的人却正处于悲伤之中（这种事情其实经常会发生），这时你很容易会觉得"为什么他这么难过？我明明这么开心"，但你这么想就说明没有尊重他人的心

情。对方正感到悲伤，对他来说"悲伤"才是此刻的正确答案。就像重视自己的开心情绪一样，你也要重视对方悲伤的情绪。不要用你的价值观去做评判，不要将自己的想法强加于对方，学会尊重他人吧。

读到这里，可能有些人会担心，如果真的坦诚地面对自己的情绪，会不会导致自己被公司解雇或者被别人讨厌。

但是，我希望你再仔细想想，是否真的有什么东西值得你不惜隐藏自己的心情来挽留呢？也许你会出于"进入了好公司""交到了好朋友""站对了立场"等想法，觉得"难得"，觉得"可惜"，觉得对不起支持自己的人，从而害怕失去。虽然重复多次有些啰唆，但是我还要重申一遍：你的人生属于你自己。我也曾经历过许多，所以我可以明确地告诉你，无论何时何地，人生都可以重来，没有什么可担心的。就算偏离了正轨，你也可以再次踏上崭新的道路。而这条崭新的道路是不是一条正确的道路，全取决于你自己。

失去也许令人害怕，但失去的东西对你来说都是不必要的东西。重要的东西并不会因为你活出自我而失去。失去，则意味着失去了也无所谓。 满怀勇气，给予自己幸福吧，只有你自己才能做到。

❓ 希望与你一起回答的问题

问题 什么时候会感受到"幸福"呢？

在人的一生中，能够感受到"幸福"的时间越多越好。为此，无论是在工作中还是在个人生活中，都需要提前知晓自己究竟在什么时候才会感受到幸福。只要知道这一点，就可以自己去增加幸福的场景。这个道理非常简单。

相反，把悲伤和消极的情况写下来，预先了解，就可以避免消极情绪的产生。虽然我在之前写到产生消极情绪也不是坏事，但还是越少越好。

> **问题** 什么时候情绪高涨？什么时候情绪低落？

同样，如果能知道自己什么时候情绪高涨，什么时候情绪低落，就能掌控自己的干劲。**要记住，情绪和动机是不同的。**

情绪就像一根细线。细线在松弛状态下，中间部分会低于两端，此时如果向两边拉细线的两端，使细线紧绷，细线中间就会被抬高，但细线在绷紧的同时也更容易断。高涨的情绪是无法持续的。

我认为细线保持既不绷紧也不松弛的状态是最好的。做喜欢的事情正是如此。必须绷紧神经才能做的事情不做也罢。"精神放松，但绝不草率了事。"总的来说，这种状态才是最好的。

> **问题** 什么时候会产生嫉妒？

每个人都会产生嫉妒之情。这种时候，千万不能压抑自己的情绪。相反，让我们为嫉妒窃喜吧。嫉妒很可能意味着自己也想变成对方那样或是自己也想要得到什么。而且，如果是近在咫尺马上就能够得到的东西，就会使人产生强烈的嫉妒心理。

例如，如果你在听说谁结婚、升职的时候感到嫉妒，可能说明你也想结婚或升职。观察自己在什么时候对他人产生嫉妒之情，就可以意识到自己真正想要什么，而且很可能是自己平时从未意识到的东西。人真的是非常有意思的生物。

希望你能通过嫉妒来发觉自己真正的心声，千万不要否定自己认识到的东西。对于真的想要的东西，你可以诚实地说想要。

不要被情绪吞噬

之前我们说到，感受到消极情绪的人是你自己，所以不要试图隐藏，而是应该坦然地去感受。但在最后，我要说明非常重要的一点：无论是积极情绪，还是消极情绪，都不要被感情所吞噬。"感受"和"被吞噬"是完全不同的。

被愤怒所吞噬，甚至可能犯下冲动杀人的罪过，冷静之后又陷入无尽后悔；被悲伤所吞噬，将会无法继续自由地控制自己。

为了使自己不被情绪吞噬，要客观地看待感受到情绪的自己。你可以想象自己站在高处，正在冷静地观察怒上心头的自己。自持的旁观者才是真正的自己。意识到这一点，就能冷静地接受正在愤怒的自己和正在悲伤的自己。**接受情绪很重要，但不能被情绪吞噬，哪怕是积极的情绪。**

第5章

问题3：想要放弃和扔掉的事物是什么

当你想出"想放弃的事物",未来就能发生改变

现在,你有什么想要放弃或扔掉的事物吗?也许是某件物品,也许是某种思维模式、固有思想、心理阴影或习惯,也可能是一段人际关系。希望你能好好思考自己"想放弃""想扔掉"的东西。但在此之前,我想谈谈为什么需要进行这种思考。

第一个原因是,你的未来和性格都是可以由你自由塑造的。至今为止,你做出了你认为对的选择,日积月累造就了现在的你,而今后的你还会由你做出的选择所造就。如果改变了自己的选择,未来也会发生变化。

性格也是一样的。觉得自己"温和文静"的人,只是在之前的人生中遇到了比自己更加活泼的人,不断被人评价"温和文静",于是自己也就对此深信不疑。所以,如果与更加"温和文静"的人相处,他们就会觉得"自己是个活泼的人"。性格不过就是这样的东西,所以你不必百分百地为自己的性格下定义。

无论是你的未来还是你的性格,都是可以自由塑造的,不必拘泥于过去的影响中。那些不适合未来自己的事物,毫不留情地扔掉就行。

第二个原因是,当你在思考自己"想放弃"的事物时,也能逐渐看清自己"想要"的事物。当被问到"想要成为什么样的人""想要实现什么梦想"时,很多人都会回答"我没什么想法"。那并不是因为真的"没有想法",而是因为他们没有注意到自己的心声,以为自己真的"没有想法"了。

在这种时候,我们可以试着问问自己:"我想要放弃什么呢?"这么一问,像是"不想再做温和文静的人了""不想再在别人的指挥

下工作了"等各种各样的答案就会在你的脑海中浮现。

如果你能意识到自己"不想再做温和文静的人了",就能发现自己的理想是"成为能和朋友一起热热闹闹地带动氛围的人"。如果你能意识到自己"不想在别人的指挥下工作了",就能发现自己的理想是"创业"。

像这样,通过寻找想放弃的事物的反面,就能发现自己想实现的目标。毕竟,哪怕是尚未发现目标的人,也能列举出许多想要放弃的事物。

在创造未来之际,"动机"是非常重要的。有人在电视里看到住在夏威夷的人就觉得"真好啊,我也想住在夏威夷",但是动机如果仅仅是这种无意间觉得"真好"的程度,目标恐怕难以实现。如果觉得"生活在拥挤的人群中压力太大而不喜欢现状,也不希望像机器人一样没有感情地活着,所以希望能在夏威夷闲适地生活",那么,内心涌现的动机会更加强烈,梦想也更容易实现。

比起想要获得喜悦的心情,人类想要逃离痛苦和悲伤的心情是更加强烈的。比起思考"想要",思考"不愿意"能使人拥有更强烈的"无论如何都要实现目标"的心情。因此,从"想放弃的事物"来发现"想做的事"是更具效果的。

扔掉之后,会有新事物填补空隙

许多人在想要改变现状的时候,都很容易想到"重新开始做什么",但最后却往往只有三分钟热度,很快就放弃了。这是因为他们已经不能再承受更多的东西了。

想象一下,你的双手拿满了东西,不仅如此,你的腋下和腿间也夹着物品,头上放着,嘴里叼着,脖子上还挂着点什么,你已经没办法再拿更多的东西了。这时，有人和你说："我这里有个好东西要给你。"即使想要，你也已经没办法再拿了。

你要扔掉不必要的东西才行。在丢弃之后，你才有接收东西的能力。不是因为接收了新的才去丢弃旧的，而是因为丢弃了旧东西能够接收新东西，所以你必须先进行丢弃。

时间也是一样的。如果你想去健身房锻炼，却没有时间，就无法坚持下去。请放弃点什么，创造出空白的时间。人的内心都是讨厌空白的，只要有了空白，就会自动去填补。不需要刻意地和自己说"重新开始做什么吧"，只要扔掉不必要的事物，新事物自然而然地就会填补进来。所以，在开始新事物之前，先放弃一些什么吧。

希望你能先将自己想要放弃或扔掉的事物全都写下来。开始新事物的关键在于，不要考虑能否做到。

同时也要写下，"如果所有目标都能实现，那么我想要扔掉、放弃什么"。人生是由细节造就的，不需要试图写出庞大的内容。你可以参照以下的提示，无论多小的事，只要有一丝不适，就全部写下来吧。

- 个人生活中想舍弃的部分。
- 与朋友、家人、恋人等的人际关系中想舍弃的部分。
- 工作中想舍弃的部分。
- 自己的性格中想舍弃的部分。
- 习惯、癖好中想舍弃的部分。
- 思维方式中想舍弃的部分。
- 自卑心态、心理阴影等。
- 在金钱使用和时间规划上想舍弃的部分。

或许有些人无法发现自己想要主动放弃的内容。其实我自己也一样，那些旧内衣、闲置的书，我也会觉得"好像还能用""说不定以后会有用"，所以迟迟不扔。

这种时候你可以想一想："如果没有它的话我的生活会有什么困扰吗？"你可能会发现，生活中并没有那么多"没了就会困扰"的东西。比起拥有许多没用的东西，珍视真正重要的东西才能让人更富足。

试着去问"真的是这样吗"

写出想要放弃的事物之后，重新审视一下。在这一步，改变"舍弃和重视"的标准，会给人生带来巨大的改变。换句话说，你要改变选择的内容。如果舍弃与重视的东西都与过去没有区别，那么人生也不会发生任何变化。

我在前文也说到，我们的价值观基本都是在父母、老师、社会等影响下形成的。人生是由自己的选择构成的，但我们评判好坏的价值观极有可能是周围人给予我们的，所以在很多情况下，我们的选择未经深思熟虑，而是受到了潜移默化的影响。

有时人们会评价一个人"有自己的想法"，而"有自己的想法"的状态可以促使人们对众多事物重新展开自己的思考。为了防止自己陷入迷途，我们也应该重新审视并塑造自我的价值观。

<u>为此，我们需要做两件事</u>。第一件事是询问自己"真的是这样吗"。在思考什么、做出什么决定的时候，问问自己"真的是这样吗"，就能暂时停下脚步。客观地思考之后，会发现其实有许多东西是不需要的，也能发现还有其他应该重视的事物。对于那些自己理所当然地认定的事物，更要重新进行评估，问问自己"真的是这样吗"。

第二件事是我在问题 1 中提到的"充满爱的选择"。你是否还在做着"应该做什么""必须要做什么"的"可怕的选择"呢？请你以发自内心做出"我想要做什么"的"充满爱的选择"为标准，来思考你自己到底应该舍弃什么、重视什么。

希望你能怀着自问"真的是这样吗"和做出"充满爱的选择"的意识，重新看看刚才写下的"待扔物品清单"。想要扔掉的事物是否也发生了变化呢？如果你发现了自己真正想要扔掉的东西，那就毫不客气地扔掉吧。

该怎么扔

如果要扔的是具体的物品，只要在收垃圾的日子里⊖扔掉就好了。但是，如果是思维方式、习惯或癖好，那就难以丢弃了。"尽管想放弃，却无法放弃。"——如果你也遇到了这样的困难，那么我可以为你提供两种方法。

第一种方法是"改变思维定式"。举个例子，即使想要改变"年收入 300 万日元"的情况，但如果你的内心觉得自己一年拿 300 万日元就差不多了，那么现实就无法发生改变，再怎么努力最终都会回到原点。相反，如果你坚信自己一年应该拿 1000 万日元，现实也会自然而然地向你的想法靠拢。听上去非常不真实，但事实的确如此。我自己就是一个实例。

有时，一些原本年收入上亿日元的人会因业务失败而一贫如洗。但有趣的是，这样的人往往能在极短的时间内再次重返年入数亿日元的状态。这是因为他们无比坚信，自己一年就该有上亿日元的收

⊖ 在日本，各个地区会以周为单位规定不同类别垃圾的回收日。——译者注

入。说得更明白点，觉得自己一年该拿 300 万日元，和觉得自己一年该拿几亿日元时的想法、判断和行动都会发生改变。所以，结果也会发生改变。

在想戒烟或想减肥的时候也是一样的。行动固然非常重要，但要先感受自己适合哪一种状态。为此，我们要先做好真的舍弃一些事物的心理准备，之后持续扮演已经舍弃一些事物后的自己即可。这样，在不知不觉之中，我们就能成功丢弃旧的事物。以前，我每天晚上都要喝几杯酒，但在假装自己不喝酒五年之后，我真的能做到不喝酒了。顺便一提，这一方法也同样适用于戒烟。

第二种方法是"不丢弃"。你可能会认为我在说废话，但我要讲的是非常认真的内容，希望你能好好听我说。

举个例子，假设你不喜欢自己的工作，想要辞职。在这种情况下，你可以辞掉工作去找下一份，但令人意外的是，这个问题远比想象的要严重。去问问实际经历过这种状况的人就会发现，很多因为不喜欢工作而辞职的人，在新的职场里也往往会因相同的事情而烦恼。恋爱也是一个道理。假设一个人因为和恋人之间产生了一些问题就分手了，在这之后，就算他开始新的恋情，也一定会遇到相同的烦恼。

这是因为问题出在"自己"的身上，并不是因为"这份工作令人讨厌""这段人际关系令人讨厌"，而是因为"你觉得它们讨厌"。只要你不改变这种想法，就算对象和环境发生变化，最终也只会重蹈覆辙。

我在二十五六岁的时候曾是个徒步客，花了大概一年半的时间在全世界"流浪"。有一次我在某个国家坐公共汽车，公共汽车行驶到沙漠中央时出了故障。

司机很努力地修车，却怎么也修不好，只好打电话叫了另一辆替班的公共汽车过来，但少说也要等三个小时。附近没有店铺，没有卫生间，空调也用不了，我们得在这种状况下等上三个小时。而有趣的是，当时公共汽车上的乘客分成了两种类型。

一种是不停抱怨的人。无论怎么责备司机，必须要等待三个小时的事实也不会发生改变，但他们却想将自己的烦躁发泄在别人身上。

另一种是觉得"没办法"而坦然接受的人。他们开始寻找能够愉快度过这三个小时的方法：有些人去沙漠上探险；有些人创造了自己的娱乐，在沙漠斜坡上放上硬纸板，然后从上面滑下去；当然也有人在努力地帮助修车。大家看上去都很开心。

看到这样的场景时，我突然发现，尽管公共汽车发生了故障，大家不得不等上三个小时的现实对所有人来说都是一样的，却有能享受现状的人和无法享受现状的人。工作也是一样的，并不存在"开心的工作"，但是有能开心工作的人和无法开心工作的人。总之，这一切都是由你自己来决定的。

也就是说，并不是现在"不开心"，而是你自己无法开心。放弃讨厌的事情当然是一种方法，但也需要考虑"怎样做才能觉得开心"。

遗憾的是，在我们的人生中，讨厌的事不可能不存在。即使改变对象和环境，即使变得富有，我们也永远无法甩掉自己。既然无法逃避，那就干脆认真地面对自己，创造出自己能够享受所有事物的开关吧。

获取雀跃的开关

让我们来想想，怎么才能开心地做自己不想做的事。你在什么

第 5 章　问题 3：想要放弃和扔掉的事物是什么

时候会感受到工作的乐趣呢？

我非常不擅长事务性的工作，制作打印账单、预订机票酒店之类的工作都会让我觉得无比痛苦。但是，不去做的话工作就无法完成。于是我就和自己玩起了游戏，告诉自己"如果一个小时之内能做完就奖励自己吃蛋糕"，或者寻找与之前不同的酒店，思考怎样才能更加快速地完成账单。通过这种方式，我将"不想做"转变成了"想做"。

对我而言，在发现新的方法或自己至今为止的信念被颠覆时，只要怀着游戏的感觉去享受，就能非常开心地应对。因为这是我的"雀跃开关"。除此之外，有人在发现能和别人分享的窍门时很开心，有人听到富有节奏感的音乐时很开心，有人与伙伴们一起解决问题时很开心。我希望你也能发觉自己在哪些时候会感到快乐，找到自己的"雀跃开关"。这样，你也能愉快地完成不得不做的事。

❓ 希望与你一起回答的问题

问题　为何如此重视？

在写下想做的和想放弃的事物之后，你可能会发现一些明明很想放弃却无法放弃的事物。此时，你可以问问自己："为何如此重视？"

你要明确自己到底是真的有理有据地重视它，还是只是在无意中觉得它重要。很多时候可能都只是你自己深信它重要而已。

问题　你在害怕什么？

人是害怕变化的生物，无论变化是好是坏，人在发生改变之后可能会变得不安全，于是人出自本能地害怕"改变"。因此，"放弃"

也是个难题。

这种时候，请你想象一下："如果我真的放弃了，会有什么结果？"在自己下定决心要放弃之后，你就能明白自己到底在害怕什么。很多时候，你只是隐隐约约地在害怕一些事物。虽然有些麻烦，但请试着仔细考虑每一件事，好好面对自己的内心吧。其实，许多事情远不似你想象的那么可怕。

如果不行，那就逃跑

我认为我们应该尽量不要逃避。像我之前说的，不管怎么逃避自己内心的问题，我们也无法甩掉自己。有许多事情只要不逃避、好好面对，也都是能够克服的。一旦遇上不顺利的事就轻易按下重置键，那么我们就永远无法战胜困难。有一些风景只有在渡过难关之后才能看到，解决问题之后总会有所收获，所以我希望大家尽量不要逃避，好好地去面对现实。

但是，凡事皆有例外。当你觉得实在撑不下去的时候，就应该赶紧逃走。我们无暇去顾及周围，在自己的人生中，最重要的还是"自己"。如果会伤害到自己，那么还是快点逃跑比较好，持续逗留反而很危险。

你就算不去操心，人生也是能在任何时候、从任何地方重来的，是可以让你愉快地成长的。只要逃走，然后在新的地方再进行挑战就好了。逃避并不可耻，要好好保护自己。

第6章

问题4：如果所有梦想都能实现，你想实现什么

决胜未来：幸福人生终极11问

别为梦想设限

在问题3中，你已经明白了自己想放弃和扔掉的事物，身心也愈发舒爽。那么接下来，让我们来通过"如果所有梦想都能实现，你想实现什么"这一问题来发现自己的梦想。**关键词是"所有梦想"。**

许多人随着年龄增长，越来越擅长妥协。他们想着"以我的能力和身处的环境，目前的情况算是合适的"，于是就此向人生妥协，认为不再去进行更多挑战也就不必更加辛苦。越是成熟，越是了解世界，越能感受到自身的渺小，心中的梦想也越来越少。"都已经这把年纪了""我好像也没什么能力""我住在这么偏僻的地方""我又没有钱"……一边这么想着，一边越来越容易止步于眼前实际的梦想。

如果你对这样的人生感到满足，那我也无言以对。但是，你不正是因为无法满足于平淡的日常生活，对现状感到厌烦或是对自己的未来惴惴不安，所以才翻开本书阅读的吗？既然如此，那就试着打破条条框框，描绘出自己最完美的梦想吧。

写下想实现的梦想

"如果所有梦想都能实现，我想要实现什么？"请你在笔记本中写下答案。不过在你写下答案的时候，可以试着想象阿拉丁神灯为你实现愿望的场景。而且，不要吝啬地只写三个，可以的话写下三百个，至少也要写一百个以上。

一边感受内心的雀跃，一边怀着"想要""想做""想成为"的

第6章 问题4：如果所有梦想都能实现，你想实现什么

意识，写下你的答案吧。

例如，在"想要"方面，可以写下想要一辆怎样的新车、想要一个怎样的家庭；在"想做"方面，可以写下想和家人一起环游世界、想去法国吃正宗的法式面包；在"想成为"方面，可以写下想成为歌手、想拥有健硕的身材、想变得更加善良等。

能写出更多梦想的诀窍在于将梦想描绘得更加详细、具体。不要只写"想去法国"，而要写"想去法国吃法式面包""想去法国参观凯旋门""想去法国吃法餐"。像这样将思考落实到细节，就会有无数梦想涌现。希望你能以写出三百个以上的梦想为目标。

不是"能不能做到"，而是"想不想做"

看着自己写下的清单，你感受到了什么呢？或许你会觉得，有一些事看上去似乎也不是做不到，但不知道该如何完成。如此一来，你可能会倾向于选择那些更容易完成的事作为自己的梦想，毕竟这样才更安全。但是，这种做法不会使你有任何变化和成长。正是因为以过去的自己做不到的事为梦想，你才能发生变化，获得成长。听上去似乎很难，但其实这是很简单的事。

小时候，所有事情对我们来说都是"没做过的事"。通过一件一件地去完成那些没做过的事，我们才能逐渐成长。所以，其实每个人都已经习惯去做自己"没做过的事"。

或许，那些让你在意"到底能不能做到"的事，其实并不是你真正想做的事。如果是真正想做的事，首先会涌现出"想做"的心情，其次才会思考"该怎么做才好"的问题。

<u>只要有所期待，就能渡过几乎所有难关。因此，不要从做得到的事中做出选择，而是应该先决定自己想做什么。至于怎么做，之</u>

后再想就好。

我自己在做事时，比起"能不能做到"，更重视"想不想做"。在二十五六岁当徒步客之前，我对旅行几乎一无所知，连徒步客的基础常识都不知道。可我无论如何都想亲眼去看看这个世界，于是没带多少行李就直接坐上了飞机。

我在"流浪"全世界后回国创业，而其实那时我只是"想创业"而已。现在回想起来非常惭愧的是，我从未在设计公司工作过，也没上过专门的设计学校，但我就是想开设计公司。我甚至都不知道还有设计专用的软件。我心中只有"想做"这事的想法，于是就先创业，然后再去思考"怎么做比较好"，不断补全自己欠缺的部分。

如果要问这个做法是否正确，我想这个做法称不上绝对正确。如果有人在我去旅行或者创业的时候问我："你觉得你能做到吗？"我的回答是："我不知道。"但是，我当时内心确实充满了"想做"的雀跃和期待。

而对于那些确信自己能做到的事物，我就不会再去做了。就像玩游戏一样，轻易通关的游戏无法使人感到有趣味，所以即使圆满完成了那些知道自己能做到的事情，也不会收获太大的喜悦。希望你也能不再考虑"能不能做到"，而是坦诚地投身于那些"想做"的事情。

如果不为金钱所困，你会做什么

在思考自己想做的事情时，总是绕不开经济问题。"如果不为金钱所困，你想过怎样的生活？"被问到这一问题时，许多人的回答都与现在的生活大不相同。"其实我更想做……，但似乎无法靠其维生，所以选择了现在的工作。""到了晚年可能会有些困难……"有些人如此答道。这都是因为在金钱方面有所顾虑，于是放弃了理想的生活方式。

但是，这样真的好吗？请你好好问问自己，为什么自己现在不能马上过理想中的生活呢？如果过自己想过的生活，真的就无法维生吗？请你认真思考一下。

我想谈谈大家无法立刻转换至理想生活方式的原因。

第一个原因是"你内心的期待不够"。你对你所构想的未来和对梦想的期待，不足以让你不惜豁出一切。或者，可能你掩藏了自己的心情，不对其抱有如此高的期待。无论是哪一种原因，你的感情都不够强烈。

第二个原因是"自己也并不清楚"。你无法对自己也不知道的事物进行具体的想象。以创业为例，如果能对创业后的情况有更具体、清晰的蓝图，那么选择创业的人应该也会更多。结婚也是如此，如果能想象出婚后的生活，也就没什么理由犹豫不前了。

我时不时会招一些想成为咨询师、讲师或作家的人，让他们做我的"随行人员"，跟着我来实际体验我一天的生活。在一天结束之后，有些人双眼放光，说："我还是想做同样的工作！"也有一些人说："我从未想过竟会如此辛苦，我会重新再好好想想。"无论是哪一种，更为具象的体验都将他们往前推了一步。想要做什么时，不能只在头脑中想象，去实际体验才是更快捷的方法。

第三个原因是"不知道赚钱的方法"。勉为其难地工作与快乐地工作，两者最终的成果当然有所不同。公司内部的研究培训和一些书里常常会提到"提高员工干劲的方法"，但我认为，提高干劲本就不可取。不管怎么做，没兴趣的事就是没兴趣，没干劲的人也无法产生干劲。强行去提高干劲也是有局限性的。所以，只去做有干劲的事就好，只招有干劲的人进公司就好。

这么一想，我们不应该从能赚钱的事情中挑选想做的事，而是应该思考如何将自己渴望做的事转换成经济效益。只不过，你还不知道这种方法而已。

其实我自己也一样。对我而言，就算没有金钱收益我也愿意继续做自己的工作，所以我每天都觉得无比幸福。在我身边，有人喜欢复古摇滚乐而开了能听摇滚的酒吧，有人喜欢家庭聚会而从事指导家庭聚会举办方法的工作，有人喜欢塑料模型而帮助别人制作模型，还有人喜欢旅行而为旅行公司、杂志、电视等媒体平台提供旅游信息。大家都在通过做自己喜欢的事来赚钱。

当然，不仅仅是创业者，公司员工中也有许多人将自己真正想做的事情变成了工作。希望你也能不以金钱为目的，将想做的事情变成自己的工作（关于这一具体方法，我会在之后的问题中详细介绍，在此不做赘述）。

如果你被问到"得不到金钱回报也想做的事情是什么"时没有什么想法，那么我希望你能按照顺序回答以下几个问题。当然，任何答案都是可以的。希望你能给出你能想到的最佳答案。

问题①：如果你有**两天**的时间和足够的金钱，你将会如何度过呢？

问题②：如果你有**两周**的时间和足够的金钱，你将会如何度过呢？

问题③：如果你有**两个月**的时间和足够的金钱，你将会如何度过呢？

问题④：如果你有**两年**的时间和足够的金钱，你将会如何度过呢？

问题⑤：如果你有**二十年**的时间和足够的金钱，你将会如何度过呢？

我问了很多人这些问题，发现了一些共同点。首先，在问题①和问题②中，大家的想法都有逃避现实的倾向。许多人会回答"去旅行"。随着时间变为两年、二十年，大家会开始思考自己真正想做的事情。

如果你在问题⑤中的回答与眼下的现实没什么区别，那就说明你正过着理想的生活。我花了七年的时间，才终于走到了当前这一步。如果你的答案与实际的日常不同，那么，我希望你想一想怎样才能使每一天的生活更加接近你的回答。毕竟，人生只有一次。

十年后的生活该怎样才最好

接下来我们换一个角度来发现梦想。之前，我们以从"现在"到"未来"的方向进行了思考。接下来，我们要以从"未来"到"现在"的方向思考。

假设从今天开始，每天都会发生一些奇迹般的事情，所有稍有期许的梦想都能成真。如果这样的日子持续十年，那么十年后的生活会是什么样的呢？应该会比现在所构想的十年后的生活更加美好吧。希望你能极尽想象，描绘出一个无出其右的完美蓝图。

尽可能详细具体地想象以下几点，然后在笔记本上进行回答。这个笔记不必给别人看，所以你在回答时可以毫无顾忌。

- 和谁一起过着怎样的日常生活？
- 住在怎样的城市和房子里？
- 在做什么样的工作？

- 大概有多少收入？
- 如何支配自己的金钱和时间？

你构想的十年后的生活，是否仅凭想象就令你兴奋不已呢？之所以要从未来考虑，是因为时间是"从未来流向现在的"。相反，有些人的时间是从过去向现在流动的。这样的人十分在意"过去"。"小时候曾是这样的孩子""学生时代是这样的""昨天如此，所以明天也一定会一样"……如此思考，以过去为推测的标准，构想现在所处轨道前方的未来。用企业作比的话，这种就是通过与上一年度情况的对比来制订计划的类型。这也没什么不好。

但是，最美好的未来说不定并不在你现在所处轨道的前方，而是在别的地方。打个比方，从东京站乘坐新干线向南出发，即使中途换乘，最远也只能到达鹿儿岛㊀。

此时，站在东京站重新思考"去哪里最好"，也许能得出"冲绳"这一答案。如果是这样，那就不该坐新干线，而是应该直接去机场。新干线轨道的前方没有冲绳㊁。

同样，如果已经构想出最理想的十年后，那么就可以从十年后来倒推：十年后要达成目标，那么五年后应该如何做、三年后应该如何做、明年今日应该如何做。这样就可以反向推测这个月应该做什么。不要执着于现在所处轨道前方的未来，而要选择能够通往最佳未来的轨道。

为了通往最佳未来，五年后、三年后、一年后你分别应该是怎样的状态？你可以试着将其写下，然后，从现在开始点滴积累，朝着梦想进发。

㊀ 日本群岛最南端的县。——译者注
㊁ 冲绳位于日本最南部，没有新干线。——译者注

第 6 章　问题 4：如果所有梦想都能实现，你想实现什么

你真正想要的是什么

除此之外，我希望你再想一想"信件"。同样希望你能怀着对最美好十年后的想象来思考。

假设你从重要的人那里收到了一封信。信里表达了对你的无尽感谢，是一封让你在阅读过程中百感交集、忍不住热泪盈眶的信。请你设想这封信是谁写的、写了什么内容，才能使你在收到信件之后喜不自胜。然后，假设自己是那个寄信的人，给自己写一封信。如果可以，希望你能准备好看的信纸，认真去写。

其实，这对于设想未来是非常重要的。至今我们已经思考了想要实现的梦想与未来，但归根结底，你真正想要的并不是"物品"或"环境"，而是能从中获得的"情感体验"。

假设你想要一辆车。而想要车的原因，可能是出于"一直向往"的占有欲，也可能是因为"想要去沿海公路兜风，感受爽快的心情"。总之，你想要的并非是车，而是想要通过拥有车来获得情感体验。若忽视这份"情感体验"，仅仅获得物品和环境，你会觉得明明好不容易实现了梦想，却不知为何高兴不起来。

希望你能通过书写重要的人的来信，发现你真正渴望的情感（顺便一提，你可以在刚才写的三百个"欲望清单"的每一个愿望旁边，写下愿望真正实现后获得的情感）。

❓ 希望与你一起回答的问题

> **问题** 小时候，你有什么梦想？

如果找不到自己想做的事，你可以试着回想一下自己小时候的

梦想或沉迷的事情——那很可能就是你真正喜欢的事。顺便一提，我现在也非常喜欢旅行，而我其实从小就非常喜欢看电视上的旅游节目，也很喜欢《格列佛游记》之类的书。

试着再次回想儿时的记忆吧。小时候由于无法实现而放弃的事，现在说不定已经可以实现了。

> **问题** 从未做过的事是什么？

到现在，我已经问了许多问题，但是或许你仍未找到梦想。不必心急，也不必强迫自己发现梦想，因为梦想总是会自然而然地被找到的。很多时候，找不到梦想都是因为选项太少。简单地说，是自己知道的事物太少，也就无法找到符合自己心意的梦想。

希望你能不断地去体验各种各样的事，扩展自己的世界。梦想的种子也许藏在你还不知道、还未做过的事情中。请你去开拓世界吧！

最切实的圆梦方法

其实我有一种超能力：只要我祈愿，就一定会下雨，至今为止从未失手，百分之百都会灵验。因为我会一直祈愿到天真的开始下雨。听上去非常傻，但这对于实现梦想来说是非常重要的。我观察了许多包括自己在内的梦想实现了的人，发现大家的共同点就是不轻易放弃。最切实的圆梦方法就是一直坚持，直到梦想实现。只要你不放弃，谁都无法剥夺你的梦想。

还有一件很重要的事，就是在找到梦想之后，思考如何才能实现梦想，并且逐一落实行动。

不知道你有没有钓过鱼。大家可能普遍觉得钓鱼更适合悠闲又

第6章 问题4：如果所有梦想都能实现，你想实现什么

有耐心的人。谁也不知道究竟什么时候鱼才会上钩，得一直等下去，的确需要一定的毅力。但是，据说实际上性急的人才更适合钓鱼，因为性急的人在钓不到鱼的时候会立刻改变方法。

梦想也是如此。付诸行动当然非常重要，但如果使用错误的方法，不管怎样坚持也无法实现梦想。尝试一种方法，如果不行，那就立刻尝试下一种。失败的次数越多，你也就越接近成功。**重要的是要记住，不是因为似乎能做得到而去做，而是因为想做才去做**。如果做自己不想做的事，失败时会失去挑战的决心，而挑战那些似乎做不到的事也更能在过程中获得成长，从而收获更多的幸福感。看不清通往目标的道路也没关系。首先，勇敢迈出第一步吧。

第 7 章

问题5：你为了什么而活

对每天的快乐生活来说必要的东西

人生有两种类型：一种人生中充满了不得不做的事，是"只求完成"的人生；而另一种人生中则充满了想做的事，是"创造式"的人生。

你是否也过着"只求完成"的生活呢？没有什么心情却必须得在固定的时间起床，按顺序解决毫无兴趣的工作，一边期待晚上小酌或奖励自己的甜品，一边等待周末的来临……也许，你也曾如此度日。

如果你能发自心底地接受这种生活，那就毫无问题。但是，如果你对这样的日子感到不适，觉得仿佛缺少了什么，那我建议你好好思考一下。人生说到底还是由每一天积累而成的，如何度过每一个今天决定了你的人生。既然如此，度过快乐充实的每一天岂不是更好吗？

假设每天工作 8 小时，一年工作 260 天，那么每年的工作时间有 2080 个小时。从大学毕业到退休（假定为 60 岁），大约需要工作 38 年。再减去睡眠时间，人生的大部分时间都是花费在工作上的。尽管如此，你的工作却"只求完成"，那么人生还能变得丰富吗？当然，也有人认为可以丰富自己的个人生活，但两者在人生中所占的比例显然是大不相同的。如果可以，将工作的时间也变得丰富、充实不是更好吗？

让每一天闪闪发光

那么，让我们来一起思考，怎样将"只求完成"的工作时间变为愉快、有干劲的工作时间。

我在问题4中写过，其中一种方法就是把自己喜欢的事变为工作。从事喜欢的工作，你就不会产生"只求完成"的想法，也能感受到快乐和度过充满干劲的每一天。

但是，我希望大家注意的是，谈及将喜欢的事变为工作时，很容易对"轻松"和"快乐"的差别产生误解。我们可以将工作时间变得更好，但这并不是为了让自己更"轻松"。**"轻松"指的是保持不动、偷懒怠惰，是很容易做到的。而"快乐"指的是满心雀跃、充满期待，能让人从中感受到欣喜。**想要轻松，只要尽量不动就好了。每天躺在床上就非常轻松，但是这样真的能让你快乐吗？

每个人期待的事物各不相同，无法一概而论。但是，快乐往往不等同于轻松。可能你会经历一些艰辛的过程，需要不断挑战，才能在最终完成后收获真正的快乐。正因如此，不管做什么工作，能在挑战中发现快乐都是最好的。

有时，一些公司员工会说："自己创业，就不用每天按规定的时间起床，一定很轻松吧。我也去创业好了。"但是我觉得这种想法万万不可。这么说的人绝对还是在公司待着更轻松。如果你在公司工作，却发现自己追求的"快乐"得不到满足，那么这时再去创业才好。

同样，有些创业者也会说："做公司员工就不用担心工作，要做的事也很少，一定很轻松吧。我也去做公司职员吧。"这也万万不可。对他们来说绝对还是自己创业更轻松。如果你身为创业者，却发现独自一人无法得到自己追求的"快乐"，那么这时再去成为公司员工才好。

"轻松"和"快乐"是不同的。因此，希望不明白挑战乐趣的人能尝试去进行挑战，什么都好，哪怕只是很小的事。希望你们能从中体会到成就的喜悦。这种感受一定会让你着迷。

打开"为了什么"的开关

还有一种让工作变开心的方法，就是思考自己到底是"为了什么"。

我经常会在学校的课堂和PTA[注]上进行演讲，也经常有家长问我，为什么自家的孩子只沉迷玩游戏，不学习也不帮忙做家务。而我能想到的回答非常简单：单纯是因为学习和做家务"不快乐"而已。

前一阵子我去朋友家玩，得知他们家上小学三年级的孩子不愿学习。我和那个孩子聊了很多，发现他和我一样喜欢恐龙，于是我们就一起看起了恐龙图鉴。我发挥了自己作为提问专家的能力，问了他各种问题："你喜欢哪种恐龙？""因为这个原因所以你喜欢这种恐龙吗？""这两种恐龙要是打一架，你觉得谁会赢？""如果你能见到恐龙，你会做什么呢？"

结果，那个孩子说："我想养恐龙。"我觉得随口糊弄小孩子也不太好，就告诉他："恐龙已经灭绝了，所以养不了。但是，挖掘出深埋地下的骨头，就可以研究过去存在的恐龙种类。图鉴里的这些恐龙，也都是由专家挖掘研究的。"就这样，我向他介绍了"恐龙博士"的工作。他的双眼立刻亮了起来，说："我也想去挖掘恐龙骨头！怎样才能成为恐龙博士呢？"我回答道："你自己思考一下吧。"

过了一段时间，我的朋友，也就是那个孩子的父亲告诉我，孩

[注] PTA 为 Parent-Teacher Association 的缩略语，是指"家长教师会"，即以学校为单位组成的家长和老师的交流组织。——译者注

子现在正在为成为恐龙博士而努力地学习。过去，学习对他来说是被老师和父母要求"必须要做的事"，而现在，他拥有了成为恐龙博士这一"目的"，于是学习也就成了他"想做的事"。

你也一样，将"不得不做"的工作甚至人生转换为"想做"的事，或"想要"的人生，需要拥有"为了什么"的意识。你为了什么而工作，又为了什么而活呢？如果你能发现答案，你就能找到自己的快乐和干劲，可以将"只求完成"的日子变得闪闪发光。在你想要开始做什么事时，先想想自己是"为了什么"吧。

为防止迷路，要有人生路标

怀有"为了什么"的目的意识，不仅能将"不得不做的事"转变为"想做的事"，还有另一个巨大的效果，也就是使人生更为坚定。

生活繁忙，很多时候，当我们回过神来才发现，我们只盯着自己的眼前看，在不知不觉中已经偏离了原来的道路。但是，如果你能透彻理解自己"为了什么"，你就能拥有人生路标。举个例子，如果你知道自己要"朝着温暖的地方前进""朝着舒适的地方前进""朝着……塔前进"，那么你就不容易迷路。

在迷路时，你只要选择靠近"目的"的方向就好。相反，如果在人生和工作中没有"目的"这一标记和判断标准，很容易摇摆不定，陷入人生迷途。为了走向更精彩的人生，希望你能发现你心中的"目的"。

"工作生活平衡（work-life balance）"一词的不合理

"为了什么"这类问题，使人明确自己的目的。所以，"为了什么而工作"就是要明确工作的目的,"为了什么而活"能使人明确人生的目的。

我希望你想一想,工作和人生的目的是不同更好,还是相同更好呢?换言之,是否应该将工作与个人生活分开呢?

近来,"工作生活平衡(work-life balance)"的思想十分流行。这种思想指的是,除去睡眠时间,将剩余的时间划分为"工作(work)"和"生活(life)",并寻求两者的平衡。

但是,我却觉得这种想法并不合理。这听上去让人觉得,"工作"是非常辛苦并且积攒压力的,但我们必须要好好努力,而"生活"则是快乐解压的,在这个大前提之上寻求两者间的平衡。

确实,如果只顾着工作,就难以拥有育儿或兴趣爱好的时间,偏向哪一边都不好。但是,或许正是因为有了育儿经历,你才能够提高领导能力;或者像刚才说的一样,也有不少人是以兴趣为工作的。在工作中,我们也能运用许多在育儿和兴趣中学到的知识。

将同一个人所做的事情分为"工作"和"生活"本来就是不合理的。"工作"等于"生活",所以两者不可分割。

但是,也许有人不这么认为。希望这样的人能好好想想"为了什么而工作"和"为了什么而活"。越是深入思考,就越能发现,"为了什么而工作"与"为了什么而活"的答案是一样的,自然也就能够认同"工作"等于"生活"的想法了(请你不要误解,我并不是说要你牺牲个人时间投入工作,而是希望你能改变对工作的看法)。

你为了什么而工作

深入思考"为了什么",会发现"工作"等于"生活"。那么接下来我们一起想一想你是为了什么而工作的。我认为"为了什么而工作"的答案有三个不同的阶段。

第一个阶段是"为了谋生"。要想生存下去，衣食住行都是必不可少的。为了钱而工作没有任何问题。不过，如果仅仅止步于此，就是为了活着而活着，与动物没什么区别。我并不否认这种想法，但能够获得更多喜悦与幸福感的方法存在于第二个阶段。

第二个阶段是"为了能做喜欢的事"。在世界上，有一些人就算不用工作也能衣食无忧，但他们仍然满怀热情地投身工作，甚至比没什么钱的人更加热爱工作。这些人不是"为了谋生"，而是为了尽情地"做喜欢的事"而工作。对他们来说，工作是人生价值，所以也不会对此有什么不满和抱怨。工作与娱乐之间没有界线，做喜欢的事的同时能获得收益。到了这一阶段，也就能理解"工作"等于"生活"的状态了。

第三个阶段是"为了大家"。例如，有人从事消除全球贫困和暴力的工作，也有人从事传承日本传统文化的工作。他们怀着各自的志向，并不是为了个人幸福而工作，而是为了让更多人获得幸福而工作。

这种想法不是伪善。他们并非为了别人的幸福而牺牲自己的工作，只是对于他们来说，追求大家的幸福也正是自己的幸福。或者说，他们不分割"我"与"大家"，而是怀着类似"我等于大家"的理念。

打个比方，在提及人际关系时，有些人只将"自己"认为是"分内的事"，而有些人会将"整个家庭"当作"分内的事"。当然也会有人将"整个地区""整个国家""全世界"当作"分内的事"。这也就是对于"分内的事"范围界定的不同。

本书的主旨是自由地创造自己的未来。但放眼世界，生活在能够自己创造未来的富足环境中的只有一小部分人。有很多人无论拥有怎样的才能、如何努力，都只能接受自己身处的环境，再怎么尽力也无法改变现实。而我们却生活在能够自主创造未来的环境中，"为了大家"而活也称得上是我们的职责吧。

我介绍了三种不同的阶段，而选择生活在哪一个阶段是你的自由。但是，为了让人生更加丰满，为了提高自己的满意程度，你应该试着从第一个阶段上升到第二个阶段，从第二个阶段上升到第三个阶段。这样，你就会发现，将"工作"和"生活"合二为一才能更加富足、充实。

从"浪费"的人生切换至"创造"的人生，能使更多人获得幸福。越过的障碍更高，也能从中获得更多喜悦。在此，请你再次问一问自己：我押上整个人生想要实现的目标到底是什么？

❓ 希望与你一起回答的问题

问题 假设在你去世后，要以你的一生为主题创作电影或书籍，你觉得那会是什么样的内容？

在史蒂夫·乔布斯去世之后，有了许多以他的人生为主题的电影。书店中也摆满了爱迪生、莱特兄弟、特蕾莎修女等伟人的传记。

同样，如果在你去世后，要以你的名字为题创作电影或书籍，你觉得那会是什么样的内容呢？你的人生中有怎样的内容，才会让你觉得喜悦至极呢？思考这个问题，能让你自然而然地发现你在人生中最想获得的成就。

问题 在你一生努力工作（生活）的过程中，给身边的人带来了怎样的影响，让你觉得无比开心呢？

第 7 章　问题 5：你为了什么而活

我希望能通过自己的工作让世界变得更加美好，哪怕只有一点点。只要能多一个人活出了属于自己的人生，我都会觉得很满足。做企业培训时，我希望至少能多一家公司更加闪耀；访问学校时，我希望至少能多一个人奋发有为——我正是怀着这样的心愿，不断推进自己的工作。我的"目的"就是让更多人和公司绽放光彩。

同样，如果你能通过自身给周围带去哪怕一点的正面影响，你希望自己能够做些什么呢？如果你想增加世上幸福的人，那么就试着想想，该以怎样的方式，给大家带去怎样的幸福。

累积每一小步

思考努力工作（生活）的"目的"可能是一件很麻烦的事。就算不去思考这些难对付的问题，我们也可以享受现在的每一个瞬间，继续生活下去——我在年轻的时候也这么想过。但是，我发现，通过这种方式，获得的幸福是非常稀少的。

像我在前文中写的一样，如果工作做的是自己讨厌的事，那么工作的时间也就无法幸福。希望你能深入思考工作"目的"，将你拥有的所有时间转变为幸福的时间。

另外，只是发现"目的"是没有意义的。哪怕只是一小步，也要去从事更靠近你心中目标的工作，以更靠近你心中目标的方式来生活。也许力量微薄，但再伟大的事业都是从最初的一小步开始的。而这一小步，不管是对于你，还是对于其他人来说，都非常重要。

问题6：你想成为怎样的自己

第8章

你想重生成为怎样的人

你是否曾想象过，如果能重生，你的人生会如何呢？想和某位音乐家一样拥有动听的歌喉、想和某位足球运动员一样驰骋球场……或者，你想和某位朋友一样成为活泼开朗的人。

现在，试着思考"自己想成为什么样的人"，并写下答案。你要回答的问题是"如果能够重生，你想成为怎样的人"。在写答案时，要尽可能详细具体，不仅仅是外表和才能，还包括性格等方面。

如果在你的身边有能成为模范的人物，你可以将他的名字一同写下来，例如"我想成为像……一样开朗的人"。不能只在脑海中想象，要暂时合上这本书，在笔记本上写下你的回答。

在写完之后，我还要再问一个问题："你是一个怎样的人？"你会如何回答呢？

"开朗的人""认真的人""时刻具有挑战精神的人""稳重谨慎的人"……应该会有各种各样的答案吧。希望你能将答案写在笔记本中。

性格不过是思维定式

刚才，我请你写下了自己的性格，而你对自己的性格百分之百的满意吗？或许在你的性格中，有一些自己并不喜欢的部分。

外表方面，你可能想要变得更苗条、希望眼睛更大一些；内在方面，你可能希望自己更善良，想变得更开朗……对比理想和现实，有不少人也许会忍不住叹气。

但是，这没什么好难过的。**人可以逐渐接近自己的理想，无论**

是外表还是内在都能通过努力获得提升。像人们常说的一样，我们在减肥、改变发型或妆容前后，简直能判若两人。

内在也是可以改变的。因为你现在所认为的"你的性格"其实并非事实，这只不过是你的固有思维而已。

想想你的性格是由什么决定的。其中当然有遗传的因素，你的家庭环境也有很大的影响，但并不仅仅如此。

刚出生的婴儿并不知道自己是一个怎样的人，因为他们只需展现真实的自己就好，也就不必了解自己的性格。就像猫不知道自己的性格一样，它们在日常生活中没有了解自己性格的必要。

但是，在你逐渐成长的同时，父母、老师、朋友等周围的人会告诉你："你是个……的人。"家校联系簿上也写着"你是一个性格……的孩子"。于是，你才知道原来自己是这样的人。

周围的人不断告诉你"你是个……的人"，于是你自己也会逐渐产生意识，在不知不觉中朝着大家所说的方向发展，有时为了回应旁人的期待而刻意扮演这样的性格。就这样，在不断回应周围声音的过程中，你塑造了现在的自己。

因此，很多时候，虽然你觉得"自己是……的人"，但其实那不过是你的思维定式。与别人相比，你有一些特点，但这只是相对的概念，而非绝对的事实。

你能成为任何你想成为的人

既然性格不过是思维定式，那么不管你想成为怎样的自己，也一定都能如你所愿。你可以成为你之前所写的羡慕的人。如果你想成为开朗的人，那么只要从今天起开朗地生活就好了。

到前几年为止，我都还是个怕生的人。在初次见面的人面前，我会紧张到汗流浃背，也无法好好地进行对话。但是，我并不喜欢那样的自己，于是从某一天起我决定，要坚信自己"能和所有人愉快相处"。虽然一开始有点奇怪，但扮演了一阵这样的性格之后我也自然而然地能和所有人愉快交流了。现在，即使在几百人面前演讲，我都不会紧张了。

人类的大脑会选择自己觉得自然的状态。如果你觉得怕生是自然状态，那么你就会怕生；而如果你觉得自己是个能与所有人融洽相处的人，那么你也会成为这样的人。

因此，如果你想改变自己，**那么首先要在脑海中构想出自己想成为的形象，然后只要积累行动即可。持续模仿自己憧憬的人，最终的结果不是"亦步亦趋"，而只是"受到影响"，在不知不觉中那些你希望拥有的品质也能自然地成为你的属性。**

我是一个……的人

在改变自己的时候，**最简单的方法就是改变口头禅**。不要再把"因为我这个人……"挂在嘴边，将"我认为自己是……的人"的想法改变为"我希望自己成为……的人"。

"我是一个……的人"——不管是好是坏，这种自我认识都会给你带来巨大的影响。例如，一个人说出"我是一个勇于挑战一切的人"之后，为了维持自己内心的这种想法，就会持续不断地进行挑战。

相反，如果一个人说"我对自己一直都没什么信心"，那么为了维持这种印象，他就无法对自己抱有信心，没信心就真的成为常态了。我们都是这样塑造出自己的性格的。

刚才我也提到了自己的故事，我曾觉得自己不能主动向人搭话，认为自己怕生。问题就在于，我以"我是个怕生的人"为借口，觉得不去挑战也没关系，以此来维持自己对自己的认知。其实，将自己限制在这种条条框框之中没有任何好处，也不会有变化和成长。

那么，从今天起，将"我是一个……人"当作塑造理想自我的武器吧。我有一个朋友，她觉得自己一个人就什么也做不了，一直无法迈出第一步。我问她："你想成为怎样的自己呢？"她说："我想成为能独当一面的女性。"于是我说："那从今天起，你要认为自己很独立，然后扮演独立的人吧。"结果半年后，她一个人去了国外旅游。你也试着改变自己的口头禅吧。

你就是你，成为最好的自己

刚才说到我们可以变成任何自己想成为的样子，但我接下来要说的话很重要：**你可以一步一步接近自己的理想状态，但遗憾的是，这种接近是有界限的。我们无法成为别人，而我们也不应该成为别人。**

假设你是一棵"苹果树"，逐渐长大，绽放花朵，结出硕果。当你环视四周时，你突然发现在你的周围有各种各样的水果。看到橘子，你觉得"橙色真好看"；看到葡萄，你觉得它有许多兄弟姐妹真好；看到西瓜，你觉得它又大又红，真帅；看到菠萝，你觉得它的发型独特、时髦，真酷。

你是一棵苹果树，却羡慕周围的水果，不断失去苹果的特色，最终结出不伦不类的果实。

正是因为他人拥有自己没有的东西，所以我们会羡慕与自己不同的人。但是，如果努力变成别人的样子，就会失去自己的个性。

苹果保持苹果的样子才好。虽然你能成为任何你想成为的人，但不能让自己变得不再是自己，而且我们再怎么努力也始终无法完全成为他人。

接受你现在所拥有的，但这并不意味可以不用成长。正如苹果应该更具苹果的风味一般，你也应该更具你的特色。至于什么是"向往的事物"，什么是"自己的特色"，我想你自己应该是最清楚的。保持你最自然的状态，接受最真实的自己就好。

对于有些人不认可自己的心情，我也完全能理解，但不要忘记与此同时你也是被他人所羡慕着的人，只不过你自己不知道而已。就像苹果羡慕其他水果一样，其他水果也同样羡慕着苹果。

置身于能绚烂绽放之处

你有哪些缺点呢？

我有不少缺点，甚至可以说到处都是缺点。我这个人做事非常粗枝大叶，总是不考虑后果就先一步行动，而且对于那些讨厌的事，我总是很任性地不想去做……但是，我从未想过要改正自己的缺点，因为改正了这些缺点之后，我的优点也会随之消失。

缺点不过是优点的另一面。对我来说，缺点"粗枝大叶"是优点"不拘小节"的另一面，是我"不介意细微之处"的特征；而"不考虑后果"就等于"行动力强"；"不做讨厌的事"则意味着"集中精力完成喜欢的事"。就像光明与阴影总是同时存在一般，它是缺点还是优点，取决于你注视光明还是阴影。若改正缺点，那么优点也会同时消失。

如果你觉得"我这个人只有缺点"，那么请你将自己的所有缺点都写下来。然后，试着将这些缺点全部替换成优点。

第 8 章 问题 6：你想成为怎样的自己

　　问题并不在于缺点，而在于你与你所生活的"环境"产生了偏差：你身处的环境，使得你的特征变成了缺点。

　　有人认为要接受自己身处的环境，并在自己所处之地全力绽放。我觉得这种想法很好。如果总是半途而废，再美丽的花朵也会无法绽放。正如越过寒冬才能迎来春天，要在脚下的土地上努力地开花。

　　但是，南国的花朵能在北方绚烂地绽放吗？南国的花朵只有在南方才能美丽地盛开。**在身处的环境中努力绽放，这一想法固然是有必要的，但如果环境对你来说并不合适，及时转移到能够美丽盛开的环境也是很重要的。**

　　说得更透彻一些，在现在的职场努力当然是有意义的，但如果这个环境无法使你充分发挥出你的能力，那么我认为还是赶紧换一个环境比较好。人也是有"花期"的。

　　像我前面说的，我不介意细微之处，所以我不适合要求心细的事务性工作；同样，以我的性格做不了每天重复的工作，所以也不适合在公司上班。因此，我自己创业，为自己创造合适的环境，将"不介意细微之处"和"做不了重复工作"这两个缺点变成了优点。

　　你不必强迫自己改变已有的特征。你要置身的环境应不视你的特征为缺点，而将它们当作优点充分发挥。想一想，对你来说，能保持自我的环境是哪里呢？

❓ 希望与你一起回答的问题

> **问题** 形容我的关键词是什么呢？

　　为了更加客观地了解自己，你可以问朋友或同事这个问题："形容我的三个关键词是什么？"我得到的回答："点子多、行动力强、热爱旅行、享受人生"。你呢？

有一种名为"周哈里窗"的理论（图1），认为人有四种不同的自我。第一种是你和别人都知道的部分；第二种是你知道但别人不清楚的部分；第三种是你不了解但别人却知道的部分；第四种是自己和别人都不知道的部分。

形容我的关键词是什么？询问周围的人这个问题，就可以得知第三部分，也就是"你不知道，但周围的人知道"的部分。而这个部分的你，只是你自己不知道而已，它们也是你的一部分。

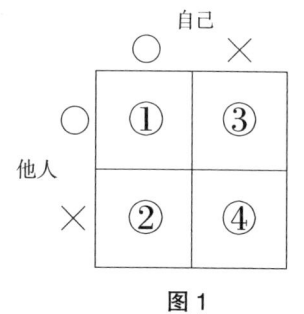

图1

图中○为知道，×为不知道。

正如没有镜子就无法看到自己的身影一样，人其实并不了解自己。通过周围的人来把握自己是非常重要的。

但是，不必刻意靠近"他人眼中的自己"。应该先确认你所表达的信息是否传递得准确无误。有时，你以为自己发出了红光，但在别人看来却是蓝光，此时应该改变表达方式。不能因为周围人看到了蓝光你就将自己发出的光改为蓝光，而是应该与喜欢真实的自己的人相处。

另外，如果你有未展示给他人的一面，不妨尽情展示出来。越是掩藏，自己越透不过气，无法保持真实的自己终归是痛苦的。

不断展示自己的魅力吧。当你认识的自己与他人眼中的自己完美吻合时，你就能轻松地活出自我。

神清气爽地活下去

到现在，我们已经谈了许多关于"想要成为怎样的自己"以及与性格相关的话题，但只要你从事的不是营销自己的工作，就不必知道自己到底是怎样的人，也不必刻意塑造自己。

小猫、小狗都不知道自己是怎样的性格，也不知道周围都是如何看待它们的。它们绝不会想"我想成为这样的猫"，只是做着自己觉得舒服的事，坦然地活着。不过看到这样的它们，人类却擅自觉得"真好"。

人类会将自己与他人比较、会羡慕他人、会在意他人的评价，但这些对于活出自我来说都是不必要的。不要给自己贴上好或坏的标签，去追寻自己内心的舒适就好。

有些人可能会想，这样做会不会被人讨厌，但是你可以放心地去试一试。周围的人对待你的方式可能会发生变化，但你绝不会孤身一人。你甚至可能会被认为是"保持真实自我、爽快生活的人"（尽管这种评价本身也是无关紧要的）。

经常会听到有人说"想成为诚实的人"，但真正诚实的人不仅要诚实地对待他人，也不能对自己说谎。为此，请你接受现在真实的自己，好好爱自己。一个简单的事实就是，你不能成为你自己以外的人。接受自己，然后神清气爽地活下去吧。

第9章

问题7：你想要挑战什么

成长之后,世界更广

我想谈谈"如何让自己成长",但在此之前,让我们先来思考一下"为什么人要成长"。毕竟,要是你觉得"我其实根本就不想成长",之后的话题也就无法展开。

与小学时的自己相比,你觉得现在的自己有哪些变化呢?不仅身体方面发生了变化,内在应该也发生了巨大的改变。做得到的事、拥有的机会不断增加,过去不懂的事现在也能理解了。

成长就是"拓展世界"的过程。年幼时,即使想周游世界、想结婚、想创业,很多事情也无法依靠自己的意志完成。那时我们没有"能力",仅靠自身做不成什么事。那时我们身陷困境,尽管知道自己想做什么,也无能为力。

但是,长大成人之后又如何呢?长大之后,我们可以和喜欢的人共度时光,可以尽情品尝喜欢的食物,可以去喜欢的地方,也能做喜欢的事,一切都是自由的。长大成人意味着我们必须要自己肩负起责任,但与此同时,我们也拥有了"凡事自由"的能力。

肩负起付款的责任,就能住进理想的房子;肩负起好好养育的责任,就能拥有自己的孩子;肩负起对商品的责任,就能自己创业。对自己得到的东西负起责任,所有事都能如愿以偿。而反过来,肩负责任也可谓是成长。越是成长,就越能实现更远大、更深切的愿望。

幸福是能达到极限的

就像有些人能接受的幸福为"1",而有些人能接受的幸福为

"100"，每个人能接受的量都是一定的。即使想接受更多的幸福，若超过了自己能接纳的容量，幸福只会溢出来。

我们有时会听说中彩票之后毁了自己一生的故事，这正是因为得到的幸福超出了能接纳的容量。

一个年收入 300 万日元的人，如果突然得到 3 亿日元，就会因为这笔巨款不符合自己的常规生活而不知道该如何使用，最终，破坏了生活的平衡，导致身败名裂。

相反，原本就对 3 亿日元习以为常的人（或者经常想象自己有巨额收入的人）即使中了彩票也不会招致人生毁坏的结局，而是能好好利用这笔钱。

我们总是希望拥有的幸福越多越好，但事实上，我们得不到超出自己接纳容量的幸福，即使得到了，也只会导致毁灭。

在渴求得到更多的幸福之前，我们必须要有接纳幸福的容器。而准备容器的过程，则意味着成长。

成长之后能做的事更多，思考也会变得深广。同时，随着我们肩上担负的事物增多，我们能够接纳幸福的容量也会增加。<u>想要更幸福、想要实现更多的梦想、想要走上更丰满的人生——如果你也这么想的话，你就必须成长，让自己拥有接纳幸福的合适的容器</u>。所以，人是需要成长的。那么，让我们来想想怎样才能成长。

巨大的障碍使人成长

<u>人怎样才能成长呢？我认为答案只有一个，就是"翻越障碍，克服困难"</u>。

如果对于现在遇到的问题，生活在从前的自己就能解决，那么

你就永远无法成长。正是因为迎来了现在的自己所无法解决的障碍，人才会进行思考，获得成长。

回顾我到目前为止的人生，我发现其中五年左右的时间完全不记得自己做了什么。那段时期，我在广岛经营小小的设计公司，没发生什么大问题。虽然节奏不紧不慢，但业绩还是稳步上升，不用思考就能取得还不错的经营成果。因为没有发生什么特别的事情，所以我对这段时期也没什么记忆。

但是，之后发生了"雷曼事件"，营业额大幅下跌。在这种情况下，人就得进行思考，采取行动。为了打破现状，我将渠道从纸质媒体扩展到线上网站，从只做设计的公司转变成兼做咨询的公司。我觉得这就是成长。

就算每天过着与昨天相同的日子，人也是可以逐渐长大的。只是，这种长大不过是从小青虫长成了大青虫，仍然没有摆脱青虫的样子。长成大青虫之后，也只不过是可以吃更多的菜叶而已，但能接受的幸福却不会变多。

但是，青虫迎来了它难以逾越的障碍——飞翔。维持青虫的状态是无法飞上蓝天的。青虫必须要经历痛苦的蛹期，才能羽化成蝶。

如果你正感到烦恼或担忧，那就意味着你迎来了成长的机会。一边在心中想着"太好了，克服之后就又能成长了"，一边愉快地应对眼前的烦恼吧。

烦恼总如影随形，无法逃避，因此尽早直面更好。产生烦恼，也就意味着你已经做好了更上一层楼的准备，所以发自内心地喜悦吧。相反，在没有烦恼的时候你更应当注意，这很可能是你停止成长的标志。

为自己设置适当的障碍

话虽如此，人无法时刻强大，总会有一些无忧无虑的时候。此时，你可以试着为自己设置障碍。无论是他人设置的障碍，还是自己主动设置的障碍，在翻越过后都能使你收获真正的喜悦，迎来成长后的自己。

后一种障碍，也就是自己创造的障碍即为"梦想"。在完成梦想时，人们会雀跃无比，所以也自然能享受翻越障碍的过程。挑战那些现在的自己不太可能实现的巨大梦想，无论最终能不能实现，你都能获得不小的成长。

让成长产生差距的两种学习方法

还有一种使人成长的方法是"学习"。通过学习，你可以吸收自己不知道的知识，学会做原本不会做的事。在长大成人之后也是可以继续成长的，学习知识文化的培训班和讲座数不胜数，只要迈开第一步，踏入能使你兴奋的领域即可。不过，要注意的是，你要意识到自己"为了什么"而学习（关于这一点，已经在问题5中介绍过）。

世上有两种学习方法。一种方法是"先学"，我们在学校中的学习属于这种方法。学习者本人也不清楚学到的知识会被运用到哪里，但是因为"总有一天会派上用场"，总之先学习，之后再运用。另外，在想要学习的时候，如果仅因为"看上去很有意思"，最终得到的就只有"快乐"。而像公司进修之类并非出于本人意愿、因他人劝说迫不得已而学的知识，自然也是无法好好掌握的内容。在这种状态下，缺少"为了什么"这个目的。

另一种方法是"后学"。这种方法指的是，为翻越眼前的梦想或烦恼等巨大障碍而去学习必要的知识。这种方法与前一种方法相反，建立在清楚自己"为了什么"的基础上而学习。因为已经有了干劲和目的，所以这种学习方式更快乐，也能使人更快地掌握知识。

首先，试着说"我做"

我刚才也提到了以前经营设计公司的事。一般来说，想成为设计师，都会先从学习开始：上设计学校、去设计公司工作，当然也有一些人是自学成才的。不管怎么说，大家一般都是学习一定的知识，能够称得上是设计师了，才会去从事设计方面的工作。

但我却完全相反。我从未上过设计学校，也没在设计公司学习过，原本我也没做过设计方面的工作。但是，我有强烈的"想做"的愿望，于是就直接创业了。

创业本身是很简单的，只要去税务署提交一些文件就可以。暂且不论水平如何，我也算是一名堂堂正正的设计师。不过，那时的我什么都不会，于是我就打电话请教了附近的印刷公司和经营印刷器材的公司，我才知道，原来还需要矢量图形处理软件（Illustrator）和图像处理软件（Photoshop）等软件。

之后，我和朋友说："我开了家设计公司！"朋友问："能帮我做名片吗？"当然了，在此之前，我从未做过名片，但我还是说："我做！"就这样，我接下了工作，去书店买了本名为《名片的制作方法》的书来学习，然后交付了成品。

同样，每当被问到"能做广告传单吗""能做宣传册吗""能做网页吗",面前就会出现巨大的障碍。但我还是一边埋头苦思一边逐一攻克,不断提高自己的技术。

现在回想起来,我觉得很对不起那些早期给我提供工作的人,但我从未偷工减料,而那些自己或客户无法认可的商品,我也从不收钱。

我一直都是这样来实现自己的梦想的。我不做设计改做咨询的时候也一样。我没学过咨询,没在咨询公司工作过,甚至没有中小企业诊断师之类的资格证书,我所拥有的只是"想做"的心情。

有人可能认为这种做法不好,觉得为了不给别人添麻烦应该学好了再开始从业;也有人可能会想,我这样没有资质的人居然还能接到工作。我非常理解这种想法。

但是,不管怎么学,都要经历"第一次",而何时挑战"第一次"只能由自己决定。有像我这样随意地迎来"第一次"的人,也有不管如何深化学习都因没有信心而无法挑战的人。

可是,如果总是要等到明天才能开始,那一生都无法开始。在课桌前学到的知识,与在实际工作现场学到的东西相差甚远。何况,不管再怎么学,刚开始的时候总是要给他人添麻烦的,那么还是早点开始做比较好。要先迈出第一步,之后再逐渐掌握那些自己缺少的知识,这样就能不断前进。

本书的创作也是一样的。我从没学过写作,而现在迫于需要,拼命地冥思苦想。我第一次写给别人看的文章是七年前开始写的博客。那时写一篇文章就要花近一个小时的时间。现在回过头来重新看,觉得写得非常糟糕,自己那时竟然还能恬不知耻地将其公之于众。

但是,如果当时我觉得写得不好就不该发出来,那我至今肯定仍在练习写作，迟迟无法迎来正式出道的机会。正是因为我不等自己练好写作技术就急不可耐地开始发布，获得了许多人对我文章的表扬和批评，我才能在切磋和琢磨中成长，才能像现在这样自己来写一本书。

当然了，我现在写这本书时，已经尽了我的全力，但过几年之后再回头看，估计又会觉得见不得人。应该说，在几年后我取得了成长，才会觉得现在的作品见不得人。我不是说要你粗制滥造、敷衍了事，但人至死都无法完美，所以不要等待完美，倾尽此刻的全力就好。反过来说，我们现在能做的，只有竭尽全力。

❓ 希望与你一起回答的问题

问题 跨越眼前的障碍之后，会有什么在前方等着你？

人在烦恼的时候，大概也没有多余的心思去思考自己正在成长之类的事，更可能被绝望和悲痛打倒，失去向上的力气，想着如何逃避眼前的障碍。我很能理解这种希望谁来帮帮自己的心情。

但是，我要再重复一遍：眼前的障碍只能由你自己翻越。如果你自己无法翻越障碍，那么这个障碍将会一生伴随你，即使改变公司、家庭、人际关系，也都无法解决，这是因为问题不在周围，而在于你自己。

不过，不管是怎样的障碍，都是可以快乐而非迫不得已地攀登的。试着想象"在障碍的另一边有什么"。想象一下在战胜这一恼人的困难后，你会成为怎样的自己，又会迎来怎样的生活。

关键在于要想象出一个让自己兴奋的未来。将"不得不翻越的障碍"变为"想要翻越的障碍"，那么干劲也会随之涌现。

第 9 章　问题 7：你想要挑战什么

> 问题　迈出第一步的勇气是从哪来的？

至今为止已经挑战过各种事的我，仍然保留勇气去涉猎从未尝试过的领域。其实我也想躺在床上睡觉，但最终还是好奇心获胜，驱使我起来。

我有个认识的人，她有想做的事却没有自信，怎么也没法迈出第一步。于是我就问了她一些问题。

"如果我出钱，你有自信去非洲小国家旅行吗？"

那位女士回答道："不，我没自信也不想去。"

我又问了她喜欢的演员是谁，接着继续问她："如果你喜欢的演员在非洲某个国家的机场等你，你们可以一起旅游一周，那你还会去吗？"

她连声答道："我去！我想去！"

我试着深究："不是说没自信吗？"她说："不，怎么能这么说呢！我肯定会去！"

如果你以无法迈出第一步为借口，那可能是因为你的期待感不够。你要找到自己的期待，使借口和担忧没有侵入的空间。或者，你对现在发现的事物抱以更高的期待也可以。

最终不过归零

阻碍你接受挑战的最大障碍是"自己"。你会想象挑战后失去的东西，于是总也无法迈出第一步。

当你将"平常的幸福"设定得太高，你就会害怕失去。如果你觉得每天吃法式大餐是再正常不过的事，那么你就可能会对朴素的生活产生恐惧；但如果你觉得能够吃上饭就是幸福，那么仅仅是品尝到法式大餐，就会让你觉得幸福无比。

我们在出生时一无所有，空手而来。在这之后，无论是在物质层面还是在精神层面都收获了许多，但在死后又重归于零。也许你害怕"失去"，但仔细想想，出生时我们就两手空空，不管失去什么，都只是回到原本的状态而已。而真正重要的东西已经在你内心，若是失去，重新再来就好。

守护现有的东西是一种人生，而持续追求再也不会有的东西也是一种人生。哪种人生都好，只要选择你内心接受的一种就行。

话虽如此，大部分人都并非独自一人生活，不要做会给家人、朋友带来麻烦的挑战，该守护的还是要好好守护。但守护与失去并无关系，希望你能在内心好好做出决断。我再问一次，你没有给自己找借口吧？

第10章

问题8：我能给别人带去什么好处

成为必不可少的人

接下来，让我们一起思考你的"工作"。一谈到工作，想必很多人想出人头地。当然，也有人不这么想。但在谈及工作时，我们很容易对"出人头地"产生误解，所以让我们先来谈谈这个话题。

我从前就很想出人头地。做公司职员的时候我想快点升职成为主任，创业之后也会因为别人叫我"社长"而暗地里产生一股优越感。但是，即使成为社长，现实也依然如故。世上被称为社长的人多如牛毛，而阿谀奉承地叫你"社长"的人往往别有居心。光靠头衔是无法生存下去的。

"……公司的部长"这一头衔所拥有的力量在于"……公司"，而非在你个人。毕竟，我们也都听说过很多曾在大公司身居高位的人辞职之后找不到工作导致生活窘迫的故事。不能误将头衔的力量认为是自己的魅力和价值。重要的不是头衔，而是你的内在。

头衔只不过是敲门砖，是允许你在某个组织或立场做事的许可证。为了成就什么而追求组织的头衔和地位尚能理解，但不能只追求头衔和地位。

在当今这个时代，几乎没有找到工作之后就能一生安稳的企业了。有些大公司可能会因为无法应对经营环境的变化而失败。庇护你的靠山正在消失，正因为现在你随时都可能被放逐到荒原之中，所以不能在公司中只追求头衔，而是要塑造出无论何时、无论何地都必不可少的"自己"。

第 10 章　问题 8：我能给别人带去什么好处

工作是"职业"×"工作方式"

在思考"工作"的话题时，大家都会自然而然地联想到"职业"，但其实工作并不仅仅是职业。工作有两个要素，即"职业"和"工作方式"。比如像花店老板、设计师、事务员等职业一样，"职业"指的是"做什么事"。而"工作方式"指的是像公司职员、创业者、经营者、店主、投资家等工作的不同形态。

职业和工作方式是不一样的。同样是"花店老板"，却可能有很大的区别：既可以是受聘在花店工作的人，也可以是拥有自己的花店的人。在思考工作时，不仅要考虑适合自己的职业，还应去发现适合自己的工作方式。

试着思考最棒的工作方式

为了发现适合自己的工作方式，有一件你应该立刻做的事，那就是去了解各种不同的工作方式。 如果不了解各种不同的工作方式，你就无法做出选择。所以，你有必要对各种不同的工作方式进行详尽的调查。

公司员工的工作方式是怎样的？有哪些优点和缺点？同样，创业者、经营者、投资家又如何呢？

无论是哪一种工作方式，都有利有弊，大家彼此间也都无法想象和理解他人的工作和生活方式。工作方式并无高低贵贱之分，你应该选择适合你的那一种。

如果在你周围没有适合调查的人，希望你能试着拓展人脉。如果可能，进行一些实际的体验则更好。最好的方法就是亲身感受各种不同的工作方式，在了解的基础上再根据自己的想法做出选择。

另外，我要介绍一下在选择适合自己的工作方式时的重点。首先，**不要因为"讨厌"某个选项而去选择其他选项**。我为想创业的人们开设一个课堂，发现其中有两种不同类型的学生。

几乎可以断定那些因为讨厌做公司职员而辞职的人是无法顺利创业的，也许这就是所谓的"别人碗里的饭更香"。在公司需要忍耐的事太多了，于是他们就想着"我不做公司职员了"，就此立志成为创业者。但是，这样的人即使创业，往往也会不断地发牢骚。实际试着做了之后就会发现，创业绝不是一件"轻松"的事。因为痛苦而放弃，殊不知前方等待着的只有新的痛苦。

而另外，也有一些创业成功的人。他们非常清楚自己想做的事，并从心底期待。这样的人即使碰到障碍也能愉快地翻越，所以最后创业都很顺利。

相反，有些人因为目睹父母做个体户的种种艰辛，不想如此受苦而进入公司。在这种情况下，如果同样没能发现做公司职员的快乐，注定会饱受折磨。不要因为讨厌某个选项而选择其他选项，而是要选择自己觉得好的那一个。

另一个选择工作方式的重点是，想一想为了实现你的理想走哪一条路更好。

自己创业，就不用听别人的指挥，可以随心所欲。但是，独自一人能够完成的事是非常有限的。如果你想成就大事，在公司这一组织中工作，实现的可能性更高，速度也更快。另外，成就大事的方法不止一个，你可以开公司，以经营者的身份来完成事业，但如果你有足够的资金，也可以通过投资的方法让有潜力的人来完成。无论如何你都要想一想，为了接近自己想完成的事业，选择哪一种工作方式更好。

第 10 章　问题 8：我能给别人带去什么好处

虽然我觉得自己不太适合做公司职员，但如果今后我发现了什么令我期待的事，而这件事又恰恰是公司职员更容易做到的，我也会考虑进公司。工作不过是你的一种展现方法而已。所以，选择最能切实完成你的目标的道路就好。

最后一条选择工作方式的重点是，**对你来说是否自然。**

我不喜欢被束缚，不喜欢被指挥，无论是每日重复同样的事、每天早起，还是边调整边工作，我都不喜欢。真要去做也不是做不到，但我会觉得压力很大。假如我进入公司工作，肯定也无法发挥能力，因为这与我的评价标准和个性都不相符。因此，对我来说创业才是比较自然的选择。

相反有些人对于不稳定的生活感受到强烈的不安，工作时不能由自己全盘操控，要和大家一起共同工作才会快乐。周末想要好好休息的人成为公司职员也是更为自然的。总之，要选择对自己而言更自然的工作方式。

当然，重要的是在此之前要有一定的体验。凭空想象是无法理解透彻的，许多事只有在做了之后才能明白。

每当我说自己曾有一个月左右的时间在国外晃悠，就会有人说："真好啊，我也想试试！"但真的去尝试，有些人可能过不了一周就开始想念日本料理和自家的床。

这多少有些得陇望蜀的感觉，但要是让他们真的突然辞去工作开始旅行的话，估计之后还是会后悔的。首先要从细微之处开始体验。这样，才能知道到底什么对自己来说才是自然的选择。

不是发现职业，而是规划职业

在清楚适合自己的"工作方式"之后，接下来要思考的是"职业"的问题。

职业并不是能发现的东西。我们不会突然在某处遇到适合自己的最好的职业，而是要自己兢兢业业地规划。而且，职业的道路是没有尽头的。

规划职业的过程包括了解自己、提升自己，同时还要与他人磨合。不了解自己就无法提升自己。提升自己，使自己更具魅力、更具价值，但重要的是，魅力和价值不由你判断，而是要使他人感受到。

工作是无法独自一人完成的。有人把工作交给你、支付报酬，才能称得上工作。换句话说，工作不能仅靠一个人完成，我们需要与他人在工作中进行磨合。

当然，也有人认为，就算没有得到他人的评价，只要能做自己想做的事情就好了。但是，若得不到他人评价，那就不是工作，而是兴趣。有人支付报酬，才算得上是工作。再好的东西，若无法被他人理解，也就算不上工作。职业就是在自己与周围磨合的过程中规划出来的。

能充分发挥你的能力的伟大工作是什么

那么，让我们来一起发现规划你的职业。规划你的职业需要有三个要素，我将按顺序介绍一下。

第一个要素是"你想做什么"。最痛苦的事情莫过于不得不做不想做的事。追求那些想做的事就好。

书店摆满了类似《如何产生干劲》之类的书，但说到底，我认为那些必须要很努力才能完成的工作不做也罢。

就像小孩子玩游戏到深夜一样，去做一些能让你入迷到忘记时间的工作才好。对于那些沉迷游戏的孩子，你总不会对他说"你好用功"吧。他本人一定乐在其中，根本没有要努力的想法。

游戏和工作是相似的，两者同样都会面临一些课题，为了解决这些课题需要努力挑战。如果无法解决，可以多次挑战，反复练习，或者向别人请教，获得成长，最终总能攻克难关。解决了一个问题之后，能够体会到挑战成功的成就感和喜悦，之后可以去挑战难度更高的问题。

所以，游戏和工作没什么太大差别，不同之处在于自己是否觉得快乐、是不是自己做出的选择。就算是玩游戏，如果不玩自己选的游戏也不会开心。希望你一定在"想做"的事中选择自己的工作。

这里，我要介绍一些帮助你发现自己"想做"的事的问题，希望你可以好好回答。

问题①：能让你沉迷其中以至于忘记时间的事是什么？

问题②：你的"喜好"是什么？（不限种类，越多越好）

问题③：有什么是你想要"知道更多"的？

问题④：你在思考什么的时候会感到兴奋？

如果你找不到答案，说明你内心的选项太少了。试着问问身边的人，看看他们的答案吧。或者，也许有些人无法坦诚地直面自己内心的"喜欢"。那就从解放自己内心真实的"喜欢"开始做起，一步一步地坦率面对吧。

这四个问题的答案很可能就是你"想做"的事，你可以从中选择工作，或者选择能运用这些元素的工作。不过，光有喜欢是无法完成工作的。我很喜欢唱歌，但遗憾的是无法将唱歌当作工作，因为我并不擅长。

你擅长什么

适合你的职业的第二个要素是"你擅长什么"。仅仅因为喜欢、想做，不一定就能成为工作。如果只是因为喜欢就能成为工作，我大概早就发行了数张专辑，跟着乐队一起世界巡演了。

对于工作来说，除了喜欢，"擅长"也是非常重要的。工作的本质是通过让别人开心来获得回报。如果自己不擅长，也就无法使他人快乐；得不到顾客和公司的选择，自然也就做不成工作。顾客付了钱就会希望得到更好的东西，公司雇人也会选择能更好完成工作的人。

这里，我要介绍几个问题，帮助你发现自己"擅长什么"。

问题①：别人经常会拜托你做什么？

问题②：周围的人会因为什么而对你表示感谢？

这两个问题的答案表明了他人感受到你的价值（也就是你的特长），希望你能好好地思考。

最切实的职业规划方法就是不断回应周围的期待。别人拜托你做什么事，是因为觉得你能做得到，他们不会拜托你做你自己不擅长的事。不断回应这一期待，就可以提升自己的特长。**如果你仍然对自己的职业毫无头绪，请全力做好别人拜托的事。**几年之后，你的特长会变得非常了不起。

你为谁带去幸福

适合你的职业的第三个要素是"对谁有用"。

喜欢又擅长的事，如果没有需求，也无法成为工作，而需求也是随时代变化的。不久前，还有站务员在车站的检票口检票，检票技术非常高超，也一定有很多站务员能从自己的工作中收获快乐。

但是，随着科技的进步与发展，这项工作逐渐消失了。令人遗憾的是，那精湛技术对于现在的时代来说已经没用了。仅仅是喜欢和擅长是不够的，能为他人所用的职能才能形成工作。

有时我会遇到一些将自己的兴趣发展成工作的人。他们利用自己喜欢、擅长的事来帮助他人。

我有个熟人特别喜欢塑料模型，以前他一边在公司工作，一边利用周末制作塑料模型。但有一天，突然有人拜托他说："我有一个非常想要的塑料模型，但是我手很笨不会做，能不能帮我做一个呢？"

一开始，他本人特别开心，因为不用花钱就能制作塑料模型。于是，他免费接下了这个活。但之后对方说："做出了这么棒的东西，我怎么能免费收下呢！"于是付了报酬给他。现在，他已经从公司辞职，接收来自全国各地的订单。尽管到了现在，他本人还在说："不过是做个塑料模型，就拿这么多钱，真是太受宠若惊了。"

希望你也能找到自己喜欢、擅长，同时能使其他人开心的事。找到了这件事，即培养了自己的天职。

你能给别人带去什么价值

在思考自己的职业时，还有一个不可或缺的想法。

工作即是以你的方法来给予他人幸福，而你从中得到回报。换言之，也就是别人能从你这里得到的好处，你能为他人带去的价值。

常说去寺庙可以祈求全家平安，还有能保佑"出入平安""心愿实现""恋爱成功"等的寺庙，每个寺庙各不相同。同样，你也应该想想，与你一起工作能给别人带去怎样的价值。

例如，"和你在一起，感觉大家都会变得开朗起来"，这就是一种了不起的价值。我朋友的公司之前因为业绩不好，开除了一个年轻人，但在那个年轻人走后整个公司开始矛盾不断，最终公司整体业绩都下滑了。因为那个年轻人总是能鼓舞士气，在公司中营造出愉快的氛围。这样的人如果能担任团队的领导，就能创造出优秀的团队。

很多人在与我相处之后说"发现了好点子""打破了至今为止深信不疑的思维定式""你说的话简单易懂，我一下就理解""不知怎的觉得自己能做到了"。我想这就是我能带给别人的价值。而正是我现在的工作使我发挥我的这些价值。

发现了"自己能为他人带去的价值"之后，无论以何种方式工作、从事什么样的职业，你都能充分发挥自己的优势，在职场上大展身手。很容易混淆的是，"价值"与特长其实并不相同。**"价值"指的是你通过自己的特长为其他人带去了好处，是从他人的角度来看的。**

但是，我们往往很难发现自己的"价值"，所以可以询问他人"我会给你带来怎样的好处""用三个关键词来形容我"，从而客观地看待自己。归根结底，规划职业，也就是找到自己能带给他人的"价值"。

❓ 希望与你一起回答的问题

问题 你希望让谁高兴？

在工作的时候，很容易犯的错误就是抱着"无论谁都好只要来买商品就行"的想法。这样是无法取得显著成果的，因为不同人眼中商品的魅力和价值也是迥然不同的。

例如，我很喜欢香菜，能感受到香菜的魅力和价值，但对于那些讨厌香菜的人来说，他们绝不会为香菜花一分钱。

魅力和价值因人而异，评判标准存在于对方的内心。或者说，"被所有人喜欢"本就是不可能的。

如果你现在的工作进展不顺利，可能不只是因为你没能提升自己，带给别人价值，说不定你在根源上搞错了对象。你应该去为那些会因你的好处而欢欣的客户（公司）工作。

> **问题** 你与周围的"差别"在哪里？

喜欢、擅长并对他人有用的工作，就是你和别人的"差别"。差别指的是有和没有、知道和不知道、做得到和做不到的不同。通过填补这一差别，你就能使对方快乐。你应该去发现自己和他人之间存在的"差别"。

在此，我想为你介绍一些常见的"差别"。第一个差别是"时间和劳动力"。你可以通过提供时间和劳动力，得到相应的薪水等报酬。但是，多数情况下没有非你不可的理由，这并不能使他人感到十分快乐。

第二个差别是"知识"。把自己知道的东西教给不知道的人，可以使他们快乐。但是，现代社会互联网如此普及，似乎没有什么知识是只有自己才知道的，在分享之后知识也就成了大家的东西。虽然完善呈现方式、提高便利度确实也能产生价值，但是在现代社会，用知识和信息来赚钱的方法已经不似从前热门了。

第三个差别是"经验"。知识指的是"知道的东西"，而经验则是"做过的事"。本书就是基于我的亲身经验写出来的。经验是自己独有的东西，所以它能使很多人开心。

第四个差别是"人"。例如,在你突然觉得寂寞的时候想见的人,或者烦恼时想要谈心的人,而这个人的思维方式、生活方式、性格甚至他本身,都会对你产生影响。如果你能成为这种"非你不可"的人,便能给其他人带来快乐。我也深切地希望你能从本书中感受到这种快乐。

"差别"越大,越能使人喜悦,这个"差别"也能成为你的工作。你可以试着发现自己与周围的"差别",也可以创造与周围的"差别"。不管是哪一种,希望你能意识到"差别"的存在。

收集别人的感谢

全世界赚钱最多的人是谁?我认为是收获了最多"谢谢"的人。金钱总是会与感谢一同来到,表达的感谢越多,得到的金钱也会越多。我们往往很容易想"怎么做,才能赚得更多",但是这种想法只是将顾客视为金钱的来源,无法使他们快乐。

试着改变角度,想想"怎么做,才能使别人开心",这样你就能从顾客那里得到更多的感谢,而最终得到的金钱也就会增加。把金钱当作衡量价值的工具确实非常方便,但是试着用"谢谢"来衡量如何呢?为了收集更多感谢,不断地提升自己能给他人带去的好处吧。

第 11 章

问题9：为了让眼前人开心，你能做什么

给予什么，就会得到什么

无论是谁，都想被爱，都想得到支持，都想变得幸福——这种想法人人都有。但是，这些无法轻易获得。而且麻烦的是，想得到的想法越强烈，便越无法得到。

请你想象你对着墙壁投出了球。不言而喻，朝墙壁投出棒球，那么反弹回来的也必然是同一个棒球，扔出足球那么回来的也是足球。而且，若快速投球，球就会快速反弹回来，同理，轻轻抛出去就会轻轻回来。你投出去的东西，会原封不动地回到你的手里。

人际关系也是一样的。你朝周围抛出的东西都会回到你这里。有时，你由于情绪不佳而待人冷淡，那么其他人也会冷淡地对你。反过来，你若能温柔待人，也会被温柔相待。人际关系就像一面镜子。

如果你对现在的人际关系有所不满，那只是因为你对待他人的错误方式反作用于你。此时你不该责备他人，而是应反省一下自己的言行。

欲人爱己，必先爱人；若想得到支持，也应先去支持他人。只有你给予他人什么东西，才能得到同样的东西，所以别在心里期望得到想要的东西，而是要将想要的东西给予他人。

不过，有时投出去的球也会迟迟不回。没有返回的球正在墙壁另一端蓄势待发，等到时机成熟就会有力地反弹回来。所以，继续放心投球就好。你要不断投球，也就是不断"给予"。重要的是，你要给予他人想要的东西，否则，就变成了一味地期待回报。

第 11 章　问题 9：为了让眼前人开心，你能做什么

人生由付出构成

我认为人生并非由得到构成，而是由付出构成的。

我的父亲过去长期在公司工作。因为是一家小公司，我常常目睹父亲到发工资的日子时为钱的问题而苦思焦虑。在我父亲的一生中，我从未见他买房、出去旅游或者将钱花在自己的兴趣上。从这种意义上来说，他算不上是"成功"的，毕竟他什么都没有。

我也一直觉得自己的父亲是"没用的人"，但之后我却改变了想法。

父亲六十多岁时，之前工作的公司倒闭了，于是他就自己开起了公司。他已经到这个年纪，也不是有经营头脑的人，所以我一度十分担心。但是，我发现这一担心完全没有必要。父亲受到了许多人的帮助，顺风顺水地将公司开了下去，过得比他当公司职员时期还要更加优裕。

前年父亲去世了。举行葬礼时，很多人在和我打招呼的时候说道："多亏了您的父亲。""一直以来承蒙令尊的关照。"父亲一无所有，这么多年来却不断地给予他人。他的人生不是由得到构成的，而是由付出构成的。我这才明白了他的人生有多么伟大——尽管并不光鲜，却充实富足。

我总会忍不住思考自己"想要"的东西。尽管无法全部接受，却还是想得到更多，欲望永无止境。但是，只要我还在思考自己"想要"的东西，他人就会来掠夺我的东西，人际关系也会逐渐变得淡薄。因此，我希望自己能成为不断为他人付出的人。

107

与人分享，就能得到幸福

在我年幼时，开果蔬店的祖父经常会寄来水果装得满满的纸箱。箱子里有应季的蔬果和小点心，对于我来说，这些是非常珍贵的宝物。

每当收到祖父寄的快递，母亲就会用塑料袋分别装好，分给邻居。这也就是"有福同享"吧。一个四口之家吃不完那么多食物，放到最后也是要坏掉的，既然如此，比起我们家独自享用，不如分给大家更好。

有趣的是，当我的母亲为街坊邻居分蔬菜时，总会收到别人给的小菜和点心，结果家里不仅有蔬菜，还多了许多小菜和点心。同时，别人家的蔬菜也变多了。就这样，将自己拥有的东西与大家分享，幸福也会增加。

你也应当不断地与他人分享。人总是会不断地渴求得到更多，并坚守自己的东西。可若为阻止河水流动而建造池塘，没有新鲜的水流动，水就会渐渐发臭，池水也终将干涸——独占正与此相似。

但是，如果你与他人分享，你就能收获新的东西，自己所拥有的东西能变得更加丰富。所以，与大家分享你拥有的东西吧。

你拥有的东西很多。即使只是对身边的人说一声"谢谢"或"你还好吗"，也是了不起的分享。就算只是对他人表示关心，也能让人觉得被拯救。

如果你擅长唱歌，那就去唱歌；如果你幽默诙谐，那就去为他人带去快乐。通过自己力所能及的举动为他人带去喜悦，就能传播幸福。或许，你也会从中得到回报。像这样，人际关系中酝酿的友爱也能不断积累。

第 11 章　问题 9：为了让眼前人开心，你能做什么

不去期待回报

在与他人分享的时候需要注意：尽管我们一直在分享，但我们不应分享损耗自身的东西。如果特地买东西来与他人分享，那就本末倒置了。这种情况其实常常发生，因此要引起注意。

与他人分享，可以使他人喜悦，也能感受到自己存在的必要性和自身价值的提升。得到他人的感谢，就会想"希望下次还能使他开心"，并与他人分享更多。于是，最终可能会自己买东西来与他人分享。

而特地买东西来分享会使自己逐渐疲惫，最终使自己陷入不幸。所以，只将自己多余的东西与他人分享即可。

另外，将那些本就不充足的东西分享给他人之后，你就会认为：明明我都分给你了你却不给我什么。我们不是因为希望得到回报而分享，是因为想要分享而分享，这一点一定不能搞错。

回忆一下"充满爱的选择"的意义，在你想分享的时候与他人分享就好。把得到的东西当成奖品去进行能让自己开心的分享吧。

让别人开心，机会也更多

无论在个人生活还是工作中，我都优先考虑"让别人开心"。如果将销量置于首位，想着"怎么做才能赚更多"，客户就会变成单纯的金钱来源，而我就会变成"剥夺的人"。

要好好思考"怎么做才能让对方更加开心"：生产出这样的产品会让对方开心吗？这种做法能让他们喜悦吗？思考能让对方开心的方法，而他们喜悦的程度也会通过销量体现出来。

首先，试着去思考让他人快乐的方法。其次，要用具有你自身风格的分享方法。

想得到认可

每个人都希望得到他人的认可，不仅希望自己的性格得到认可，也希望工作能得到认可，希望别人把工作放心地交给自己，希望工资上涨，希望喜欢的人能注意到自己……这些都是"想得到认可"的心情。

但是，有时你再怎么期望得到世人的认可也无济于事。这是因为其他人并不了解你，大家不知道你的魅力和价值，因此也就无法认可。

我有个朋友在做线上的市场工作，运用网络来增加顾客和销量。虽然我们认识很久了，但我从没拜托他做过什么工作。每次碰到我，他都会问："有没有什么我可以做的工作？"但我没什么能让他做的事。不，更准确地说，我有很多需要完成的工作，但我无法将工作交给他，因为我不知道他工作的真实情况。

有一次，他似乎因工作而感到烦恼，于是我就告诉了他一些营销的窍门。

我告诉他："想要一上来就有工作做是很难的，最重要的是要先让别人了解你。如果别人知道你能出色地完成工作，就会想将工作交给你。在追求销量之前要先让对方开心。先试试在能力范围内接一些免费的工作如何？"

之后，他的公司逐渐发展，现在深受客户信赖。当然我也是非常信任他的客户之一。现在他的公司员工增加了不少，我相信他仍将他人的快乐放在首位。

第 11 章　问题 9：为了让眼前人开心，你能做什么

我在提出策划书和报价之前，也会先请客户进行体验。毕竟不去实际体验，就无法了解其中的价值。我理解"想得到认可"的心情，而越是在这种时候，越要先让他人快乐。在交流之中，我自然能将价值传达给对方，也能让彼此的关系变得更温暖。

❓ 希望与你一起回答的问题

问题 你重视的人正在被什么困扰？他们的愿望又是什么呢？

我想你一定希望以自己的方式让身边的人开心。那么，具体来说，要怎么做才能让他们开心呢？**唯一的也是最切实的方法就是"了解对方"。**

我在学生时期曾和朋友们聚在一起举办圣诞派对，参加的条件是带一份 3000 日元左右的礼物。虽说派对的主旨是大家相互交换礼物，但挑选礼物是个相当大的难题。因为不知道自己的礼物会被谁抽中，所以去店里买礼物时也不知道到底选什么才好。如果知道接收礼物的对象，就能想象出对方收到这样的礼物时的心情。也就是说，我们要想让对方开心，必须要先了解对方。

家人、朋友、同事、客户……先去好好了解这些你重视的人吧。越是了解对方，就越能让对方快乐。如果能知道对方因什么而困扰，他们又有什么愿望，就能帮助他们解决问题，为他们带去更大的喜悦。

问题 为了让自己满足，你能做什么？

在人际关系中，最重要的是先满足自己。 请你想象在自己内心有一个杯子，你要先将其装满。

如果自己的内心空空如也，那么为了装满杯子，就会从他人那

里夺取。但是，如果自己的内心充实，也就能自然地为他人付出。正是因为心中满溢着爱，才会与他人分享。

有几种方法可以让你装满内心的杯子。其中一种就是之前介绍过的"充满爱的选择"，这也是最有效的。

还有一种在第 2 章也介绍过，即"改变看待事物的角度"。

如果你一直盯着自己缺少的部分，杯子永远也装不满；而如果能养成注重拥有的习惯，你就能瞬间将杯子装满。总之，觉得空虚，还是觉得满足，全取决于你自己的看法。

你能给予什么

我在初出茅庐时总是想体验各种事情。我参加了许多研讨会，结识了不同的人，还跑去国外旅行。

但是，当时我没有"付出"的想法，光是想着"我能从中得到什么"。实际上，由于我一直主动吸收，敞开怀抱迎接新事物，最后的确获得了不少知识、经验。那些当然都是宝贵的经验，但是到了现在，我开始反过来思考：我在那一过程中给予了他人什么呢？

其实，在转换想法之后，我与他人的关系也更加奇妙。参加研讨会后，我和讲师成了朋友，也在之后的工作中共事。像这样，我和许多人一起做了不同的事，世界也变得更开阔了。而且，他们并不对我说："你能做什么？那我们一起做吧。"而是对我抱有兴趣地说："我们一起做点儿什么吧！那么做什么好呢？"我认为这是因为我拥有了让他人快乐的意识。"比起得到，重视付出"。有了这样的意识，你的世界也会发生翻天覆地的变化。

第 12 章

问题 10：烦恼的对岸有什么

成功与失败总是如影随形

让我们一起思考该如何直面自己的烦恼。想必所有人都希望自己能拥有无忧无虑的人生。人们常常认为幸福就是没有烦恼,但真的是这样的吗?这样的人生真的可以称得上是丰富的吗?

我时刻盼望着能够获得成功和幸福,也曾贪婪地专注于思考怎样才能获得更多的成功和收获更大的幸福。但是有一天我突然意识到,人生其实就像钟摆。

每一枚硬币都有正反两面,没有光明的地方就没有阴影。事物的两面是不可分割、紧密相连的。同样,失败与成功、幸福与不幸也总是如影随形,彼此之间如同钟摆般来回往返。只想得到有利于自己的东西是不合理的。正如你无法得到一枚只有正面的硬币一般,你同样无法只得到成功和幸福。

"钟摆"不会停止在正中间,而是来回往返的,你可以改变自己的接受方式。如果你认为只有"正"才是好的,"负"就是坏的,那你的人生将有一半的时间都无法快乐。如果能正面地接受"负",那么你的人生也会充满"光明"。

举个例子,持续按同一个按钮就能通关的游戏,真的能让人觉得开心吗?经历失败、发起挑战、再次失败、动脑思考、反复尝试、攻克难关——有了这些过程,游戏才会变得有意思。人生也是一样的。

完全没有失败和困难的人生会如何呢。震撼人心的感动,在受挫之后才能深切体会到。所以,失败万岁,不断失败吧。

幸福也同理。每天都充满幸福的日子枯燥乏味,令人无聊。人生在世,多少经历一些风浪才更有意思,也更浪漫。如果未曾尝过不幸的味道，也就无法分辨出深切的幸福。

其实，我的人生也曾一度坠入谷底。我身处悬崖边缘，几乎快从世上销声匿迹。那时，我没有家庭、没有工作，有的只是债务。每次要债的人一来，我就怕得不行，直到十年之后的今天，每当玄关的门铃声响起，我还是会吓一跳。

但是，情况并非无可救药。我也曾享受过那样的状态：在脑海一隅，我还在想着"这种事情不会再经历第二次了""几年后如果我要写书，现在的经历是不错的素材""努力向上爬的我可真帅"。我一边这样想着，一边切实地克服了困难，这才成就了今天的我。如果那段经验能使我的想法和语言都往好的方向改变，那么不幸也不全是坏事。

有许多东西是不经历失败和不幸就无法得到的。不管怎么说，既然我们无法逃避，那就不如尽情地去享受吧。

一切都进展顺利

有一个成语叫"塞翁失马，焉知非福"。人生在世，应保持塞翁对待事物的态度。

从前，有一位住在边塞的老人。他养了一匹骏马，但有一天，这匹骏马跑丢了。村民前来安慰他，说："真是太糟糕了。"老人说："谁知道这是不是坏事呢。"过了一阵子，跑丢的骏马带着另一匹骏马回来了。村民说："太好了！"老人说："谁知道这是不是好事呢。"又过了一阵子，老人的儿子在骑马时从马背上摔了下来，受了伤。村民们又前来说："真是太糟糕了。"老人又说："谁知道这是不是坏事呢。"之后，边塞与邻国之间发生了战争，其儿子因为受了伤而免于上战场。这就是"塞翁失马，焉知

非福"的故事。㊀

不要给每一件坏事都贴上"坏"的标签，也不要患得患失，而是应以更广阔的视角纵览全局。所有事情都会过去，一切都取决于你看待事物的方法。

前文中提到，我的人生也曾一度坠入谷底。当时，我确实觉得无比痛苦，怨恨世界为什么非得让我受这样的苦。但是，时至今日再度回想，我从心底觉得，正是因为有当时的经历，才有了现在的我。如果没有那段经历，我应该不会做现在的工作，也不会写这本书。这么一想，虽然在人生路途上会发生各种各样的事，但最终一切事情都会进展顺利，并不存在什么坏事。

也许我在今后的人生道路上会再次跌入深渊，但是，我相信，与我之前的人生一样，之后的一切也都会进展顺利。为了使一切顺遂，我要全力生活。

但是，有一个原因会导致路途不顺，那就是"可怕的选择"。如果做出了"必须要做……"的选择，一旦遭遇不顺心的事，就会觉得是"……的错"。将原因归咎于他人，无法自我反省，也会产生不满和抱怨。

请你做出"充满爱的选择"。无论何时，都要怀着"想做……"的心情，积极思考行动，这样就算遇到讨厌的事，就算遭受痛苦，你也不会迁怒他人，而是能从中积累对今后有帮助的经验。能成为人生支柱的正是那些"讨厌"的经历。做出"充满爱的选择"，那么人生中不管发生什么，你都能积极应对。

关于烦恼，你还应记住非常重要的一点：**一切都会过去**。如同所有的雨都会停，困难的时期会过去，终能迎来晴天。反过来说，

㊀ 此处为日本民间流传的源于中国的"塞翁失马"，与国内的原始版本有细微不同。——译者注

晴天也不会永久持续。

如我所述，人生宛如钟摆，应理性对待不同的情况。不要做无谓的抗争，而是应该接受当下的环境。晴天和雨天都有各自的好处，也有在当下的时期才能做、才能得到的事物，大胆去接受就好了。

烦恼还是越少越好

除非你是极度自虐的性格，否则也不会想着自寻烦恼吧。我也如此。不过，我希望能够通过积极解决烦恼的方式来获得成长。为了走出这一进退两难的局面，我构想出了"未来"的蓝图。

例如，我试着想象，克服这一困难之后，会有什么愉快的事在等着我，或者翻越这一障碍之后，我会变成怎样的自己。

如果能对解决烦恼之后的未来充满期待，那么解决烦恼的动力也会源源不断地产生。即使不喜欢乘坐飞机，但如果能想象出抵达夏威夷之后玩耍的场景，也会去尝试乘坐飞机。

无论做什么事，如果想着"不想做"，就不会有干劲，也不会有理想的结果。在采取行动之前，先试着想象能从行动中获得的东西，将期待值调到最大，让自己"想做"，这才是最重要的。

❓ 希望与你一起回答的问题

烦恼的时候，你会怎样寻找解决方法呢？我将问你一些问题，请你问问正在烦恼的自己，并依次回答。

> **问题** 现在想解决和想实现的事分别是什么？

试着将你现在饱受困扰的事写下来。

人们大多数的烦恼只有两种情况：因为无法逃离讨厌的事而烦恼，或者因为想实现的愿望无法实现而烦恼。试着从两种不同的角度思考，写下你的烦恼。

不要独自沉浸于烦恼。最好的方法是将自己的烦恼写下来，然后与朋友谈一谈。写下烦恼，能让你更客观地看待烦恼，使大脑脱离烦恼状态进行思考。而与他人交谈能帮助你整理自己的想法，仅仅这么做，就能帮助你发现大部分烦恼的解决方法。

问题 （基于上一问）那么问题在哪里？

现在，逐一对照你写下的烦恼，想想问题分别在哪里。仔细思考之后你会发现，有些烦恼其实不是什么大问题。

我有一位朋友在丈夫去世之后一直很消沉。她希望我能听听她的烦恼，于是我应邀与她一起喝茶。

她一脸沉重地说："我丈夫去世了……"听她这么说，我问道："您丈夫去世了之后，您有发生什么严重的问题吗？"

她沉思了一会儿，说："我经济上没什么困难，也有朋友，倒不至于觉得孤独……现在我可以到处旅游，也能品尝美食了。哎呀，这么说来其实并没有什么大问题呢。"

丈夫去世，确实会令人难过。但是，这并不等于烦恼或问题。有时人们可能只是认为自己有烦恼和问题，而有时再怎么烦恼也毫无办法只能接受。

先好好思考一下，你所认为的问题到底是什么。如果真的存在问题，你再烦恼也不迟。

问题 怎样才是最好的？

接下来，我们来想想烦恼的解决方法。

我希望你能想象一下烦恼解决后最好的情况。根据你的构想，你就能明白应该朝哪个方向努力。

假设有人因为自己公司的职员不好好工作而烦恼，如果最好的情况是"与现在的公司员工们一起快乐地工作"，那么就应加强对公司员工的教育；如果最好的情况是"只想与麻利能干的员工一起工作"，那么就应辞退工作懒散的人，雇用一些有干劲的人。

如果目标发生变化，那么要做的事也要相应地改变。你先不要去想能不能做到，而是要试着思考怎样的情况才能让你最开心。

问题 原因是什么？

接下来，让我们来探究导致问题的原因。多问问自己"为什么"，就能引导自己发现问题的原因。最重要的事在于要反复多次问自己"为什么"。

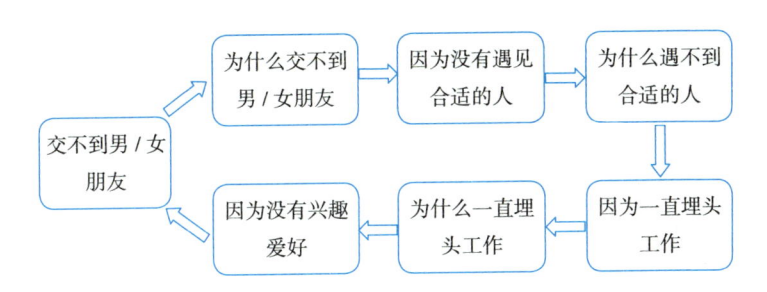

交不到男/女朋友 → 为什么交不到男/女朋友 → 因为没有遇见合适的人 → 为什么遇不到合适的人 → 因为一直埋头工作 → 为什么一直埋头工作 → 因为没有兴趣爱好

像这样，不断地询问自己"为什么"，发现深层次的原因，逐渐接近问题的本质。

仅仅提出"交不到男/女朋友"这个问题是找不到解决方法的。但是，通过反复询问"为什么"，就能得出"因为没有兴趣爱好"这一原因，也就能通过培养新的兴趣爱好等方法将想法落实到行动。

无法解决烦恼的一个重要原因就是，没有发现应该解决的原因根源。如果偏离目标，再怎么努力也难以解决问题。希望你能花时

119

间去发现产生问题的根本原因。

另外，在反复询问"为什么"的过程中，可能会出现多种原因。此时，你可以从看上去影响最大的那一项开始着手解决。

问题 怎么做才能解决？

如果你已经通过上一个问题明白了烦恼真正的原因，那么接下来就开始思考解决方法吧。暂且不管能不能做到，先灵活地运用智慧，思考可行的解决方案。

抵达山顶的道路往往不止一条，说不定还可以乘坐直升机降落至山顶，或者不断削平山顶使山的海拔变低，可行的方法有成千上万种。虽然不一定能立刻找到答案，但将"怎么做"这一问题谨记于心，或许能从周围的各种事物中获得灵感。

我自己也一直在想怎样才能将本书写得更好。这时，我看到了流动的河水，决定不写晦涩难懂的文章，而是要写流畅通顺的文章；看到蹲下身和孩子说话的母亲，我决定不能以高高在上的态度来写书，而是应与年轻人们一同烦恼。

像这样，时刻怀有问题意识，解决烦恼的灵感也会源源不断地在日常生活中出现。

此外，你也可以试着问问朋友："如果是你，你会怎么做？"说不定你能收获一些与自己完全不同的想法。

不过，不要去评判朋友的意见。有时被你认为无趣的意见，可能才是真正重要的意见。也许，正是因为你觉得它们乏味，才无法解决问题。请你对所有的意见都持有赞许态度，敞开心扉去倾听吧。

问题 一小步是什么？

请你想想下面这个问题的答案：

五只麻雀停在电线上，其中有一只麻雀决定飞走，那么，还剩下几只麻雀呢？

你可能认为还剩四只，但正确答案是五只。因为决定飞走的麻雀只是做出了决定，还没有行动。

不管你找到多好的解决方法，如果不能付诸行动，那就不会带来任何变化。改变现实唯一的方法就是行动。请你试着迈出第一步。不过，如果你一下子跨出一大步，可能不会顺利。跨出一大步需要勇气，也需要自信，所以更容易令人踌躇不决，导致最终仍然纹丝不动。

要先迈出一小步，不要跨出一大步，你要将大步变为小小的十步。积累每一小步，是通往光明未来的最实际的方法。

和烦恼成为朋友

现在你正感到烦恼，意味着你与昨天的自己不同，也就是说你已经做好了进入下一个阶段的准备。在现阶段与下一个阶段之间，会产生"烦恼"。烦恼可能是自己期盼的，也可能不是，但它们无疑是能让人生更丰富的挑战，是你每天都在成长的证明。

人生不可能没有烦恼，再怎么逃避也无法完全躲过，所以学会巧妙地与烦恼相处吧。只要掌握与烦恼相处的方法，你就能发现烦恼也是个不错的"家伙"。

相反，如果你现在没有任何烦恼，更应引起重视：这是因为你过着一成不变的每一天。我们在人生道路上当然也需要休息，但在充分养精蓄锐之后，试着再向前走吧，更大的幸福正与新的烦恼一起等着我们。

第13章

问题11：你想度过怎样的今天

光靠等待，是无法抓住幸福的

到现在为止，我们已经讨论过怎么才能拥有理想的人生。所有问题都至关重要，所以，站在人生的岔路口时，希望你能好好想一想那些问题。

有意思的是，人生真的会如你所愿。与你现在身处的环境、过去的经历都没有关系，你可以自由自在地创造未来。也许有些人现在身陷谷底，看不到希望，但也有许多人曾爬出深渊，不断往上走。那些人并不是独有的，他们能做到的，你也能做到。

我希望你记住，幸福不是等来的。没有白马王子会突然来到你面前邀请你一同走向幸福，你也不会突然中彩票逆转人生。倒不如说，如果真的发生这样的事才更应该引起警惕。一瞬间突如其来的幸福是不会持久的。

也许在你的身边有一些人过着精彩的人生，也许你也见识过如同电视剧一般令人羡慕的生活。但是，谁都不是生来特别的，也不会在某一天突然变得独一无二。只有靠着自己脚踏实地的努力，才能拥有精彩的人生。

羡慕别人、觉得他人十分优秀，是非常容易的事。人们也总会幻想：如果有一天我也能那样就好了。但是，如果只是守株待兔，就什么都无法实现。获得理想中的幸福只有一种方法，那就是付诸行动。或许未来有一天，人们发明出仅靠想象就能将梦想变为现实的"造梦机"，但是现在，除了自己采取行动，没有其他任何方法可以改变现实。

我们必须是自己人生的实践者，而不是评价他人人生的评论家，也不是对理想高谈阔论的梦想家或者钻研艰难道理的哲学家。

诚然，思考是非常有必要的，但若脱离行动，就是纸上谈兵而已。

我们周围的人往往说多做少。光是靠近"水"与"火"是不会带来变化的，要投身"水"与"火"中，你才能打开新世界的大门。希望你能去实践至少一件事情，在实践之后，再去谈论吧。

归根结底，人生是每一个"今天"的积累

归根结底，人生是每一个"今天"的积累。无论你有着怎样的过去，无论你心怀怎样的梦想，你的人生就是你的"今天"。

艰辛的过去都已经是过去的事了，现在只存在于你的脑海中。你可以一直认为过去的经历十分痛苦，你也可以感谢痛苦的过去塑造了现在的你。过去不过是"记忆"，你可以根据自己的需要来改变它。

即使你有难忘的痛苦回忆，可一直沉浸其中有什么好处呢？总是扮演可怜兮兮的自己又有什么意义呢？你应怀着感激之情，立刻告别那段回忆才好，因为你要活在当下。

相反，过度畅想未来也并非好事。无论你描绘出怎样精彩的未来，那都不是你的未来。你要活在当下。如果一味地关注未来而无法体会现在，那你只能成为梦想家。未来的存在不是要让你做梦，而是要让你更好地度过现在。

或许你认为幸福和成功就像登山，得到了幸福和成功就是登顶。登上山顶后，确实能感受到巨大的成就感，实现梦想后也能获得无尽的喜悦。

但是，梦想在实现的那一瞬间就会变成"现实"，下一刻就会意识到"还有更高的山"。那一定是高得一眼望不到顶的山峰吧。尽管已经付出了这么大的努力，却还有下一个目标……这么一

想，你可能会产生类似绝望的情绪。毕竟，幸福和梦想都是无穷无尽的。

如果只有登上山顶（实现理想）才是幸福的，那么幸福的时间未免也太过短暂。但是，如果能够享受登顶的过程，人生就会一直充满快乐。也许途中有美丽绽放的鲜花，有和煦的微风，你也能欣赏沿途的美景；也许偶尔有陡峭崎岖的山路，也有让人忍不住哼歌的坦途。如果你能好好享受这一过程，人生就会充满乐趣。

换句话说，你不要想着"实现什么""做到什么""拥有什么"就能得到幸福，而是要享受眼前的一切；不要为了遥远的某个未来而牺牲现在。大多数情况下，将就、忍耐无法换来完美的未来。

我在阅读音乐家、艺人及企业家等成功人士的自传和回忆录时发现很多人说："那时真的很不容易。但是，也真的很开心。"他们都享受成功之前的过程。如果你无法享受现在，那么在道路的前方也没有成功，所以你要积累每一个最愉快的现在。

"真实的自己"时刻经受考验

我在初出茅庐的时候，认为只要扩展人脉，工作就能顺利进行，于是积极参加各业界的交流会，讨好、接近成功人士。虽然自己不怎么出色，却也向别人炫耀过"我认识那个人"。回想起来，我真是羞愧得想找个地缝钻进去。不过，也许有人看到现在的我这么说，会有些惊讶吧。

也许有人因为有大公司的名片，就觉得自己也变得更伟大了；也许有人在别人所创造的优良环境中觉得自己很了不起。但是，那些都只是因为创造的人伟大，而并非因为你优秀。

拿我自己来说，不管我怎么拓展人脉，一切都没能取得顺利进展。即使我有幸与能力超群的人一起吃饭，即使机会已经到了眼前，我还是无法把握。那是无法掩饰的"真实的自己"经受的考验。最重要的不是拥有什么武器，而是拥有武器的是你自己。

说的内容不重要，说话的人是谁才最重要。试想，那些家中肮脏、杂乱的整理收纳专家、自己公司发展失利的经营咨询师、家庭关系不和谐的恋爱专家，你会想听他们说的话吗？

"知道什么""能说什么""能做什么"固然是重要的，但在此之前，更重要的是自己如何生活。谈论的事物无法体现自己的经验，也就不具说服力。虽然有些啰唆，但我还是要说，请你好好思考，此刻的你要如何生活。

积累每一个"今天"，就能成就未来。这一未来不在外部，而在你自己的心中。"这样做就好了""能做这样的事就好了"，将头脑中的这些想法逐一转化成行动，积累经验。

实际采取行动之后，常常会出现与想象完全不同的结果，这说明仅在脑海中模拟从起点到终点的过程是不行的。在山脚想象山腰的模样，不如去到山腰处看到的景象更真实。所以，先去行动吧。

正确答案不止一个

下面让我们来想想怎样才能磨炼并提升真实的自己。有一个词叫价值观，价值观指的是判断好坏的价值标准体系。有人认为"就算贫穷也想做自己喜欢的事"，也有人认为"就算做不喜欢的工作也想过得富裕"，这两者的差别就在于价值观的不同。人各有志，找到自己的价值观，然后去开创未来。

不要依靠他人给予的价值观生活，而是要以自己构建的价值观生活，这样就不会产生抱怨和不满，从而获得对自己来说真正富足的人生。为了帮助你发现自己的价值观，我也提出了各种问题。

在创造自身价值观时，重要的一点是向自己发问和"不要偏执"。确实，拥有自己的思想是非常重要的。但是，如果你只专注于自己的想法，就无法接受其他事物了，即使有更好的东西也接纳不了，也无法拓宽眼界。这样，你就无法应对环境的变化，也不能成长，你的人生只会越来越狭隘。

我认为的理想状态是"A、B、C、D每一个都很好，但是现在我想选择A"或者"每一个都很好，但我喜欢A"。

这是一种非常自由的状态。自由不是指像断了线的风筝一般不与任何事物联系，而是应与许多事物相关联，然后根据需要做出选择。为此，不要判断自己现在的价值观的好坏，应该对所有价值观持积极态度，先去接触更多的价值观。

去尝试新事物

重建自己价值观最简单的方法就是尝试新事物：出了车站，试着从一条不同于以往的道路走回家；试着进入一家从未去过的店铺；读一些从未读过的书；听一些平时不听的音乐；和往常不太见面的人喝茶——总之，什么都可以。

去做一些从未做过的事，你会有惊异的发现。同时，你也会注意到，自己在此之前生活在多么狭小的世界里。

我曾经去过印度旅游。当时印度的种姓制度比现在更严格，我到了印度，才知道有许多孩子不管拥有怎样出彩的才能、不管再怎么努力，也无法摆脱居无定所的生活。

但是，我们却可以自由地去开创未来，自己想要什么样的未来完全取决于我们自己。而在此之前，我根本不知道自己有多幸运，因为身边的人也都是如此，于是就将这种生活视为理所当然。其实，能去学校上学是一件奢侈而幸福的事，但我却未能理解它的价值，甚至不愿上学。这都是因为我的世界太过狭小了。

接触自己以外的众多事物能开阔自己的眼界，也是进一步了解自己的机会。不去接触外部的世界，就像难得买了一本书，却只读了一页。如果你自己的世界是那已经读过的一页，那么在此之外你还有无数页从未读过。

虽然我也推荐你出去走一走，但是如果好不容易到了国外，却仍跟本国人聚在一起、吃本国饮食，那就毫无意义了。试着纵身投入未知的世界吧。其实就算不出门旅游，在我们的日常生活中也满是新鲜的事物，也就是说，关键在于你有没有注意到。

请你每天都去尝试一些从未做过的事，你的视野会变得更加开阔。

❓ 希望与你一起回答的问题

问题 今天有什么进展顺利的事？

我每天都要做的一件事，就是在睡前问自己：今天有什么进展顺利的事？直到前几年，我还会在枕边放一本笔记本，每天写下回答。

人有一种习惯，就是会盯着自己"做不到的事"和"欠缺的部分"不放。没办法，这是我们的本能。毕竟，如果不着眼悲伤、讨厌和危险的事物，可能会导致生命危险。

但是，对于那些快乐的事，我们总是很容易忘却。因为忘记之后，我们可以多次享受快乐。

我们总是容易发现"不足"的部分，每当结束一件事，就要召开反省会，思考到底哪里做得不够好。但是，多次重复反省会导致我们丧失自信，意志也会逐渐消沉。

所以，我们应该多思考"做得好的部分"。这样，我们的情绪能逐渐高涨，也能发现自己擅长的部分。

弥补不足也是有极限的。就像你对鱼说"飞吧"，那是不可能实现的。做不到的就是做不到。比起补短，扬长才更合理——鱼当然更擅长游泳。所以，如果你明白自己的特长，之后就能思考怎样做才能发展自己的特长，一定能变得更好。

问题 今天，你将创造出怎样的幸福？

尽管重复多次，但我还是想说，人生是由你自己开创的。将今天变为怎样的一天，完全取决于你自己。你可以去一直想去的饭店吃午餐，可以和朋友们聊天，可以在工作中进行新的挑战，也可以去尝试从未接触过的事物。

想想让今天的自己幸福的一件事，什么都可以。我不是让你追求轻松，而是希望你能更加接近真正的幸福，享受今日。

话虽如此，我在年轻的时候特别害怕浪费时间，如果不做点什么就会觉得不安，在工作和学习上如果不能提升，就觉得慌张。直到今日，出门时不带着电脑还是让我觉得有些害怕。

但是，为了开创自己的未来而牺牲当下是不对的。当下这一天、现在的年龄、眼前的环境，都是无法再次体会的。面向未来的"投资"固然重要，但现在的"消费"也是重要的。正因为未来由每一个今天的积累构成，才更要珍惜每一天，维持平衡，使现在的

第 13 章　问题 11：你想度过怎样的今天

自己幸福。

> **问题**　理想中的自己，会怎样度过一天的生活呢？

我要重复说一遍：做好准备的人才会迎来幸福。没做好准备的人无法接纳幸福，所以成为能够接纳幸福的自己是很重要的。为此，你要先下手为强。

我为了从谷底走出来，先从广岛搬到了东京——我想彻底改变环境。我当时没什么钱，却搬到了东京这座高物价的城市，因此生活一度非常困难。当时，我住的房子每月租金 4 万日元（100 日元 ≈ 6.5 人民币）左右，面积是六叠○。当时我强烈感受到，必须要对眼前的生活保持不适感。如果觉得这样的生活是最适合自己的，那我就无法脱离现状了。

我每周给自己设定了一个特别的日子。虽然当时很穷，但我为了特别的日子而省钱，再在那一天前往憧憬的街区，去高级酒店的休息室喝茶。对我来说，我的设定并不是"穷人挥霍微薄的资金"，而是"住在附近，轻松地去喝茶"的感觉。

因为我每周都去喝茶，后来渐渐地与酒店中的店员相熟。就这样，我成了高级酒店休息室的常客。而且，我认为这个自己才是真正的自己。两年后，我还清了债款，搬到了这个向往已久的街区。

如果当时的我认为六叠的生活才是自己该过的生活，也就不会有我的今天。你也试着想象适合自己的生活，把那样的生活当作你真正该过的生活，然后开始行动吧。现实的变化也会纷至沓来。

○　叠为日本计算榻榻米的量词，一叠相当于 1.62 平方米，六叠则为不到 10 平方米的面积。——译者序

开创人生

最近，我特别想要一个新的手提包，一旦开始这么想之后，各种各样的手提包都会变得更显眼。

我和朋友一起从东京站内走出来时，我和他说："拎着黑色手提包的人并不是很多呢。"朋友说："我没注意到。"我们看到的事物应该是相同的，但我注意到了手提包，他却没有看到。

人不是靠眼睛来看，而是靠大脑来看的。人只能看到自己注意到的东西。认为世界充满爱的人，也能在实际生活中不断发现爱；而认为世间满是仇恨的人，也会发现许多仇恨。你看到的世界，就是你想看到的世界。

世上有人觉得自己幸福，也有人觉得自己不幸。但是，不幸的人只是更擅长发现不幸，而幸福的人则更擅长发现幸福。幸福的人并非每天都能经历特别的事件，而是能在同样的日常中发现一些不同。

我过去也有觉得每天都很痛苦的时期。每天早上起来，我都问自己并回答："今天又会发生什么讨厌的事呢？今天有不想做的工作，今天有必须要见的人，实在是讨厌。"

但是现在，我每天都问自己并回答："今天又会发生什么好事呢？今天有快乐的工作，也有要见的人，我非常开心。"在变化不多的每一天中，我也能发现更多、更深刻的幸福了。

人生是每一天的积累，是由你抛向自己的问题构成的。希望你能多问一些帮助你发现幸福的问题。其实，你已经很幸福了。

去创造你的人生吧

第 14 章

创造自己的"重要清单"

我经常到处旅行。在陌生的城市中散步时，我都会先做一些标记。有了标记，迷路了也能回到原点，这样我就能享受散步时的好心情。这样一来，我也就不需要地图了。

人生也同理。如果能有自己的方针，即使在人生道路上迷失，即使一时看不清自我，也能重返原点。而在顺利地一路前行时，也有防止走错路的指南针。

在尽情享受人生的同时，我也有十条非常重视的法则。在本书中我也介绍过，在此不再赘述。希望你也能创造出属于你自己的十条法则——能让你享受属于你的人生的十条法则，比如"不能说谎""珍视他人"等，什么都可以。

希望你能写出在每一天的生活中不容让步的事物，并且时不时回头检查一下自己是否在坚守这十条法则。这些内容随时都可以更改，所以你不用有心理负担，随意地写就好。

例如，你可能想要活得更加丰富多彩，却不知道具体该怎么做。但是，如果有十条法则，那么你就能将其付诸实现，使自己的人生更加充实，这个道理很简单。

珍视自己，坦诚面对

本书中也提到，你应该保持真实的样子，珍视自己，率性地活下去。

本书的读者中有些人可能会认为，大家都并非独自一人生活，要是所有人都肆意任性，社会岂不是乱了套。也许有些人内心其实想要率性、自在地生活,但必须维系与他人的关系,不能轻易任性。

但是,真的是这样的吗?我这么说,是因为率性有别于自我主义。

我再重复说一遍,率性指的是遵照自己内心真实的想法生活。讨厌就是讨厌,喜欢就是喜欢。不是"必须要做",而是因为"想做"而做出选择。

与此相对,以自我为中心指的是只考虑自己的事。只要自己觉得好,其他一切都无所谓。这两者有着很大的区别。

率性的人聚集到一起,集体还是能够正常运转。只要大家觉得舒适的事物和目标相同,就能好好相处。率性的人也能站在他人的角度思考问题,也会有一些人因为你坦然地活出自我而得到拯救。

率性生活和珍视他人,这两者是可以共存的。或者说,任性才能为周围带去幸福。

不断向自己发问

面包超人的主题曲《面包超人进行曲》中有这样几句歌词:

为了什么而生?为了什么而活?我才不想连这都答不上来!

你的幸福是什么?你因什么而快乐?我才不想到最后都茫然不解!

我们为何而生?为何而活?幸福是什么?让自己感到快乐的事情又是什么?

不断探索这一答案,才能开创人生。这个答案不是由别人来告诉我们的,而是要靠自己发现,我们是无法发自心底地接纳他人告诉我们的答案的。希望你能不断地探寻自己的答案。

我们都是看着父母和长辈的身影长大的。那些还没工作过的孩子，不也都是从大人那里听说工作很讨厌吗？于是，孩子们就想一直玩下去，不想工作，不想长大成人。即使他们从未体验过工作，也不愿意去工作。

我认为大人们应对此负责。每天，我们都不情愿地去上班，然后满脸倦容地下班，回到家之后还要抱怨工作。电视上也在说"来缓解辛苦工作的压力吧"。这样一来，孩子们自然不会对工作抱有好印象。他们深信，如果可以的话大家都不想工作，但是因为实在迫不得已才去工作。遗憾的是，如果怀着这样的想法，他们是无法踏上丰富的人生的。

是时候斩断这种恶性循环了。不要给自己找借口，每天都为孩子们展现自己充满活力的姿态吧。我们活在现在，不要拘泥于过去的想法，重视此刻的自己的想法吧。可能这会使你与长辈以及周围的人不同，但如何活出你的人生，这一答案只存在于你的内心。

什么是幸福？我们怎样做才能成功？这些答案也在你心中。

所以，对你来说，必不可少的不是"答案"，而是"提问"。我希望你在人生的分岔路口多读读这本书，回答我在这里为你介绍的问题，你应该能发现对你有帮助的答案。人是会发生变化的，所以每次的答案不同也是很正常的。

做真实的自己，坦诚地活下去，这并非易事。实际上，人云亦云、随波逐流才更轻松。但是我想，一定是因为意识到了那样无法获得幸福，你才翻开了这本书。既然如此，今后的人生，请走上属于自己的道路吧。也许会有险峻山路，也许会孤身一人，也许会有种种不安。但是，无论何时，答案只存在于你自己的心中。坚强柔韧，满怀爱意地活下去吧。

后　记

　　最后，我谨向在本书创作过程中提供帮助的所有人致以诚挚的感谢：感谢编辑小林薰女士、关真次先生，他们认为我的故事有意思，并将其出版成书；感谢一直以来促使我思考的各位；感谢每一位信任我、为我提供挑战机会的客户；感谢时刻与我相互切磋、共同进步的朋友和伙伴；感谢松田充弘先生，他不仅教会了我提问的乐趣，还为我指明了人生的道路。同时，感谢看到这里的你。

　　我衷心对各位表示深深的谢意，谢谢大家。我由衷地期盼本书能抵达更多读者手中，希望有更多的人能活出自我，珍视自己。

河田真诚

2018 年 7 月

决胜未来：
幸福人生终极答案

［日］河田真诚　著

陈知之　译

中国科学技术出版社
·北京·

JINSEI KONOMAMADE IINO? SAIKO NO MIRAI WO TSUKURU 11 NO SITSUMON NOTE
Copyright © 2018 SHINSEI KAWADA
All Rights Reserved.
Original Japanese edition published by CCC Media House Co., Ltd
Chinese translation rights arranged with CCC Media House Co., Ltd
through Shanghai To-Asia Culture Co., Ltd
Simplified Chinese translation rights © 2020 by China Science and Technology Press Co., Ltd.

北京市版权局著作权合同登记　图字：01-2020-4132

图书在版编目（CIP）数据

决胜未来.2，幸福人生终极答案 /（日）河田真诚 著；陈知之 译．—北京：中国科学技术出版社，2020.11

ISBN 978-7-5046-8869-9

Ⅰ.①决… Ⅱ.①河…②陈… Ⅲ.①人生哲学—通俗读物 Ⅳ.① B821-49

中国版本图书馆 CIP 数据核字 (2020) 第 206371 号

写在前面：你是否走上了最精彩的人生道路

你是否成为小时候梦想中的"大人"了呢？

你是否认为按现状发展下去，未来令人担忧？

你是否觉得反正怎么也做不好，于是干脆放弃了自己的人生？

也许你会在不经意间思考这些问题。

即使原地等待最完美的幸福时光降临，现实也不会发生任何改变。无论你觉得当下是最好的时光，还是认为精彩的人生仍未到来，我希望你都能停下来思考这个问题：属于你的最精彩的人生是怎样的？

你的幸福是什么？

你应该热衷于什么？

你重视什么，如何生活？

怎样才能创造属于你的最精彩的人生？

这些问题的答案都在你心里。不，应该说，这些问题的答案只存在于你心里。

它们不是别人强加于你的，而是深藏于你内心深处的。从现在开始，让我们一起创造你的"最精彩的人生"吧。

你有多了解自己？

擅长提问，就是擅长思考

对于自己，我们似乎了如指掌，又似乎一无所知。就像需要一面"镜子"来看清自己的容貌一样，我们在与自己的心灵进行沟通时也需要工具，最有效的方法就是"提问"。举个例子，如果有人问你中午吃了什么，你就会自然而然地开始思考。同样，我们也可以通过提问的方法，自然而然地开始自我对话。

这不是一本用来"阅读"的书，而是一本用来"回答"的书。书中将会向你介绍改变了许多人生活的问题，而通过回答这些问题，你将能更好地直面自己。我相信，在回答完这些问题之后，你能豁然开朗地开启理想的人生。

问题助你发现幸福

首先，让我们做一些简单的练习题。无论得出怎样的答案都没关系，希望你能写下你的真实想法和感受。重要的是将答案写下来，而不是凭空想象。

问题 1 你在什么时候会觉得幸福？

问题 2 如何才能获得更多的幸福？

创造自己的幸福吧

在踏上寻找幸福的旅途之前,让我们先来想想到底什么是"真正的幸福"。

非常关键的一点是,我们不是"变得幸福",而是"感受到幸福"。

正如每个人对"美味"的感受不同,不同人对幸福的感受也千差万别。在同样的情况下,有的人觉得幸福,有的人却觉得不幸。

当然,决定什么才是幸福的是你自己。你的人生属于你自己,所以不必由别人告诉你该怎么做,也不要随波逐流。不管他人怎么说,幸福的内容都是由你自己决定的。

也许人们会来指点你的人生,也许你会觉得自己与别人相比不合常理,因此担忧。但是,你完全不必与他人保持一致。和别人一样确实能令人安心,但却会逐渐失去"自我"。

这是你自己的人生。不要根据别人的意见来决定自己的行动,也不要看别人的脸色行事。你的精彩人生由你设计,由你创造。

为此,首先你要深入地了解自己。如果不了解自己,你就无法找到自己的幸福。下面我将向你提出 11 个问题,希望你能通过这些问题发现自我。

如何使用本书

99 个与自己对话的问题

本书将向你介绍"构成人生的 11 个问题"。此外,每个问题中还会有 8 个深入探讨的问题,希望你能写下这些问题的答案。

这不仅是一本用来"阅读"的书,更是一本用来"书写"的书

光是阅读本书是没有意义的。只有在实际尝试后,才能体会到这些"问题"的力量,所以请你先抱着试一试的心态诚实地回答吧。

放松回答

拿起你喜欢的笔,在放松的状态下回答问题吧。你可以把答案写在书上,也可以另外准备一个笔记本。你不必快速回答,我更希望你能认真、仔细地面对每一个问题。

我想,在回答完毕后,你会更了解自己,开启更精彩的人生。

回答问题的规则

规则 1

任何回答都可以

我希望你写下的不是"一般常识",也不是"正确答案"。无论你的回答有多特别,都没有关系。希望你能如实地写下心中所想。

常识本来就不一定都是对的,所以不用在意别人的答案。不必评价自己,也不必贬低自己。心中满怀爱意地与自己对话吧。

规则 2

想不出答案也没关系

在这些问题中,可能会有你回答不上来的问题,那也不要紧。即使你现在想不出答案,你的大脑也会不断地寻找答案,但重要的是你要持续自问。

另外,虽然"回答"很重要,但是远不及"思考"重要。关键在于,你要利用这些时间,坦诚地面对自己的内心。

规则 3

听听别人的回答

规则1中提到"不用在意别人的答案",但在你想要提升自身价值观的时候,别人的回答会为你带来帮助。

当你发现"原来这个问题还能这样回答"时,你的世界就会变得更加辽阔。希望你能听听朋友、家人和同事们的回答。

不过,别人的回答只能成为提示,而非标准答案。对你而言,你的回答就是正确答案,希望你能认真对待它。

规则 4

保持怀疑精神

回答问题时,不能仅靠头脑中的想象,而是要把它写下来。写下答案可以让你更客观地看待它。

另外,在写下答案时,不要觉得自己已经知晓一切,而是应该问问自己:"这样回答就可以了吗?是不是还有不同的回答?"希望你能坚持不懈地"怀疑"自己的想法。

在不同情况下，我推荐这样回答问题

我来为你介绍一下适合不同心境的问题。你可以从自己喜欢的问题开始回答。

现在想要
做出改变

⬇

推荐问题 1 和
问题 10。

想要找到自己
真正想做的事

⬇

推荐问题 4 和
问题 5。

想要获得
自我提升

⬇

推荐问题 7 和
问题 8。

想要调整好自己
的日常生活

⬇

推荐问题 3 和
问题 11。

想要成为
自我欣赏的人

⬇

推荐问题 2 和
问题 6。

想要好好处理
人际关系

⬇

推荐问题 8 和
问题 9。

目录

热身问题　你喜欢什么 …………………………………………… 001

问题 1　重新审视人生：你赞赏现在的自己吗 ………………… 005
　　专栏 1　世上也有无法改变的事物 …………………………… 012

问题 2　找回自己：现在，你感受到了什么 …………………… 013
　　专栏 2　不禁忍耐 ……………………………………………… 020

问题 3　让人神清气爽地做出改变：想要放弃和扔掉的事物是什么 …… 021
　　专栏 3　建议体验随从人员的工作 …………………………… 028

问题 4　邂逅真正想做的事：如果所有梦想都能实现，你想实现什么 …… 029
　　专栏 4　麻烦能令人快乐吗？ ………………………………… 036

问题 5　获取人生的开关：你为了什么而活 …………………… 037
　　专栏 5　重新审视一切 ………………………………………… 044

问题 6　喜欢上自己：你想成为怎样的自己 …………………… 045
　　专栏 6　樱花和向日葵，各有千秋 …………………………… 052

问题 7　改变世界：你想要挑战什么 …………………………… 053
　　专栏 7　自信是什么 …………………………………………… 060

问题 8　发现自身价值：我能给别人带去什么好处 …………… 061
　　专栏 8　职业是规划出来的 …………………………………… 068

问题 9　构筑爱的关系：为了让眼前人开心，你能做什么 …… 069
　　专栏 9　丰富的形式 …………………………………………… 076

问题 10　与烦恼和不安巧妙相处：烦恼的对岸有什么 ………… 077
　　专栏 10　一切都会顺利 ………………………………………… 084

问题 11　开创如愿的人生：你想要度过怎样的今天 …………… 085
　　专栏 11　勤于谋人而疏于谋己 ………………………………… 092

总结 …………………………………………………………………… 093
写在最后 …………………………………………………………… 097

IX

热身问题

你喜欢什么

在正式回答 11 个问题之前,让我们先来做一些简单的练习题。希望你能从中体验到回答问题的乐趣。

你知道自己喜欢什么吗

你对自己的喜好有多了解呢？有人可能会想：这我当然再清楚不过了。但出人意料的是，很多人其实并不知道自己真正喜欢什么。因为他们平常不重视自己的喜好。

在挑选晚餐的时候，比起自己是否喜欢，也许你常常将能否快速吃完、价格是否便宜当作选择标准；也可能有人因为每天都很忙，觉得只要能填饱肚子就足够了，别的都不重要。

在工作中，也许你要将公司的利益和客户的喜好置于个人的情感之上，很多时候甚至无法言明自己的喜好。即便考虑到了自己的喜好，因为无法将其优先考虑，就干脆不去思考、感受，导致最终你也不清楚自己到底喜欢什么。虽然听上去很不真实，但实际上的确有很多人在被告知"按照你喜欢的方式来做"时表示不知道到底该怎么做。

对于自己喜欢的事物坦诚地表达喜爱之情，可以称得上是幸福的基础。现在，请你试着再次如实地感受自己的内心吧。

几个问题，让你发现自己的"喜好"

深呼吸，放轻松，一边享受，
一边开展与自己内心的对话吧！

问题 1 你喜欢的食物是什么？

能让你情绪高涨、让你觉得"这就是幸福"的食物是什么？

问题 2 你喜欢怎样的人？

无论是异性还是同性，试着列举一些你喜欢的人的特点。

问题 3 你喜欢哪座城市？

试着写下喜欢的城市名称、喜欢的理由及城市的特点。

问题 4 你喜欢什么样的时光？

让你觉得舒适、自如的时光是怎样的？

参考回答 & 信息

问题 1 你喜欢的食物是什么？

香菜、西瓜、烤肉、刨冰、松饼、泰国菜、辣的东西等。

品尝美味的食物是一件很容易的事，但却是非常有效的制造幸福的方法。多写一些能让自己觉得幸福的食物吧。

问题 2 你喜欢怎样的人？

拥有自己的世界观的人、经验丰富的人、讲话有趣的人、认真生活的人、珍视他人的人、生活方式简洁舒畅的人、深思熟虑的人等。

如此列举出来，你就能发现自己喜欢的类型。说不定，其中会有一些你向往的品质。有意识地朝着这个方向努力，也许会离你喜欢的人更近一步。

问题 3 你喜欢哪座城市？

纽约（因为会让人觉得非常自由）、巴厘岛（喜欢其闲适的氛围）、泰国（喜欢充满活力的感觉）、京都（喜欢历史悠久和充满情趣的地方）、北海道（所有东西都很好吃）等。

置身何处也是非常重要的。身处不同城市，你就能轻易地切换情绪。现在你想去的城市，也许就暗示着你想得到的东西。

问题 4 你喜欢什么样的时光？

在公园发呆的时光、读书的时光、和大家一起热热闹闹地聊天的时光、与珍贵的恋人一起谈笑的时光、全家团聚的时光、得到客户感谢时的时光等。

在每一天的生活中，都会有一些你不愿意做但不得不做的事情。但是，我们也可以找寻一些自己觉得舒适的时光，这直接关系到你人生的幸福指数。依靠自己的双手，来创造出舒适的时光吧。

问题 1

1

重新审视人生：你赞赏现在的自己吗

暂时停下脚步，回顾迄今为止的人生，你是否正过着自己想要的人生呢？

你赞赏现在的自己吗？

请你抬起头，好好想一想。你能赞赏现在的自己吗？

假设目前"最完美的状态"为100%，现在的你达到了多少呢？请你写下你所认为的数字。

怎么样呢？赞赏他人是比较容易的，但令人意外的是，赞赏自己却非常困难，因为我们无法回避自己内心的真实想法。就算强迫自己积极思考，勉强地赞赏自己、试图欺骗自己，内心深处还是会明白真相。而这一矛盾，就会逐渐腐蚀你的心灵。

无法赞赏自己并非严重的问题。问题在于，你明明不赞赏自己，却还不采取任何行动。

现实生活中，没有白马王子来到你面前，也不会常有中彩票逆转人生的事。在你等待他人向你伸出援手的时候，在你说着"总有一天"的时候，人生已经走向终结。你的人生属于你自己，你要自己设计，并亲手创造你的人生。

这里，我想提出两种提高自我赞赏度的方法。一种方法是改变赞赏态度，另一种方法是改变看待事物的角度。下面我将依次为你介绍四个不同的问题。

几个问题，让你提高自我赞赏度的方法

在每一天的日常生活中，许多赞赏方法都仍处于沉睡中。
让我们来掌握发现可赞赏之处的能力吧。

问题 1-1 最近发生了哪些好事？

不必想着要写下了不起的回答，重要的是细微的小事。

问题 1-2 有什么进展顺利的事？

也许你会想哪些事进展顺利、怎样才算顺利，这些都由你来定义。

问题 1-3 你想做却没做的事是什么？

孩提时期的梦想是什么？想着"总有一天要去做"的事又是什么呢？

问题 1-4 想到什么会令你振奋呢？

光靠想象就能让你心情愉悦的事是什么呢？

参考回答 & 信息

问题 1-1　最近发生了哪些好事？

- 在读一本偶然翻到的小说时感动得大哭。
- 附近新开的餐馆的菜很好吃。
- 阳台上有麻雀在玩耍。
- 之前稍有疏远的朋友联络了我,我们一起去吃了饭。
- 为工作烦恼,但还是下定决心要坚持到底。

　　幸福的人与不幸的人,两者的差别在于重视好的部分还是不好的部分。稍微留意一下,你就能发现其实每天的生活中充满了好事。

问题 1-2　有什么进展顺利的事？

- 和家人聊了很多。
- 很享受新的工作。
- 公司里的人际关系变好了。
- 虽然仍然繁忙,但感觉很充实。
- 坚持自己做饭。

　　人在发现"没做到"的部分上,称得上是专家。我们往往不自觉地注意到没做好的事情,总是不断地反省。这的确重要,但更重要的是,要仔细确认我们做得好的内容。你要发现自己的长处,然后不断发挥。

问题 1-3　你想做却没做的事是什么？

- 想环游世界。
- 想孝敬父母。
- 想自己创业,看看自己究竟实力如何。
- 想要开始玩音乐。
- 想要简约生活。
- 想要每天认真生活。

　　如果扼杀了自己真实的想法,那么心灵就会一直处于不满足的状态。即使周围人百般艳羡,你还是会觉得自己内心空空如也。

问题 1-4　想到什么会令你振奋呢？

- 结婚生子后,和孩子一起在公园里游玩的场景。
- 自己在武道馆⊖尽情歌唱的场景。
- 珍贵的人开怀大笑的场景。
- 明天要送出去的小礼物。
- 自己的未来。

　　雀跃的心情能成为使人生变得更强大的能量。希望你能问问自己"是否雀跃",以此来重新审视自己每天的生活和工作。

⊖ 武道馆是东京的室内竞技设施,原以普及并奖励日本传统武道为宗旨而建立,现也常用作音乐活动的举办场所。

以下几个问题让你改变对"赞赏"的看法

现在你觉得不好的事物，只要改变视角，就会变成好的事物。

问题 1-5 有什么进展不顺的事？

在不让自己痛苦的前提下进行回忆，并写下回答。有时候，只是将这些事情写下来，就能让你更加释怀。

问题 1-6 在进展不顺的事情中，有哪些好事？

实际上，这些事真的不好吗？也许只是你这么认为而已。

问题 1-7 怎样才能进展顺利？

坏事放任不管也不会自动好转。决定一下吧：要么放弃，要么采取措施。

问题 1-8 你觉得自己的长处是什么？

试着写下你所认为的自己的长处吧。

参考回答 & 信息

问题 1-5 有什么进展不顺的事?

- 无法保持早起的习惯。
- 不知不觉就吃多了。
- 和下属关系紧张。
- 工作越来越墨守成规。

　　你要记住，进展不顺不过是现实中的情况，而非你的不对。如果你不把现象和自己的本性分开来考虑，就会逐渐觉得自己不行。

问题 1-6 在进展不顺的事情中，有哪些好事?

- 连续三天早起。
- 虽然今天没能做到，但还是想从明天开始做。
- 虽然吃多了，但是品尝到了美味。
- 虽然与下属关系紧张，但我们总算坦白地说出了真心话。

　　如果所有事都进展不顺，那么人也会逐渐失去干劲。但是，在这些不顺的事件之中，也存在好的一面。如果你能发现那些好事，也就能找回干劲和乐趣。

问题 1-7 怎样才能进展顺利?

- 为了能早起，睡前不要看手机。
- 为了防止自己吃太多，开始称体重。
- 为了改善和下属的关系，和他一起去喝酒，尽情交流。

　　对于那些进展不顺的事情，解决方法是要么放弃，要么采取措施。正如池鱼无法在蓝天中翱翔一般，有些事是无论如何都做不到的。放弃绝不是坏事，将力量集中到能做到的事上就好。

问题 1-8 你觉得自己的长处是什么?

- 为人处世落落大方。
- 能够自由畅想。
- 能立马忘记讨厌的事物。
- 能小心慎重地考虑事物。
- 行动力强。
- 积极开朗。

　　与他人相比时，如果你只注意到自己的缺点，就会丧失自信。但是，缺点与优点互为表里。"粗心"这一缺点，其实也可以看成"大方"这个优点。有很多缺点的人，同样也有很多优点。试着改变看待问题的视角吧。

010

在这个问题
的最后

人生是自由的

请你重新思考一下你周围的一切。

也许会有许多你所期望的和并不期望的东西,但这一切都是你自己选择的结果。你逐一做出决定,创造了你的现在。

可能有人会想:不是的,有很多不是我选的!但是选择接受讨厌的东西,不去选择更好事物的,也正是你本人。

正如你的现在是由你过去的选择所构成一样,今后你的人生也将由你现在的选择所开创,而且是由你自由开创的。

如果想要改变现实,那么你就要改变行动。要改变行动,就要改变选择。而要改变选择,就要改变你的价值观。

如果总是重视同样的事物,做出同样的选择,采取同样的行动,那么最终只会得到同样的结果。依靠自己的双手,将生活变得更美好吧。

▶ 任务:提高自我赞赏度

每天晚上睡前,请你在笔记本上写下三件"今天顺利进行的事",然后再进入梦乡吧。

一开始可能会很难找到三件事,但渐渐地你会习惯。而在这个过程中,你会逐渐意识到之后想要顺利进展的事是什么,自己会慢慢地变成更易感受到幸福的"幸福体质"。

011

专栏 1

世上也有无法改变的事物

不管你怎样铆足干劲,下定决心要创造出能自我赞赏的人生,世上也总有一些无论如何都改变不了的事物。

我在回顾自己的人生时发现,我在人生中多舛的时期,光顾着在意他人、责备他人、将责任强加于他人、期待他人的行动,活动的对象总是"他人"。这样的人生怎么可能顺遂呢。

于是,我试着将活动的对象转换成"自己"。实际上也会有一些对方不对的情况,但在这种时候,我选择不去责备对方,而是思考自己能做什么。

我们无法掌控自己的过去和未来。对于过去发生的事,我们只能改变现在的自己的看法,而未来也只能由每一个现在积累而成。我们能够掌握的,只有"现在"。

虽然我们无法改变遥远的事物,但我们能控制触手可及的事物。这么一想,其实我们能改变的只有"此时此刻的自己",希望你能意识到这一点。

如果你在回答刚才的问题时,发现有的活动的对象是他人,那么,我希望你能重新问一问自己能做些什么。你一定会打开全新的世界。

问题 2

2

找回自己：现在，你感受到了什么

你是否习惯压抑自己的情绪，导致内心陷入迷途呢？
让我们来一起找回自己真实的内心。

你的内心是否陷入了迷途？

儿时，大家都天真烂漫又自由任性。那时，我们都忠实于自己的内心想法，珍视自己。但伴随成长，我们逐渐掌握了社会生存之术，与周围保持步调一致。

确实，没有人是独自生活的，每个人都要配合他人。但是，你是否因过度在意他人而忽略了自己呢？

随波逐流的生活的确很容易，也很轻松。这样就不会受到他人的抱怨，也不会被排挤。但是，在这个过程中，我们却逐渐失去了"自我"。

还有，你是否觉得必须时刻保持积极、开朗的心态呢？

事实并非如此。难过的时候就尽情难过，对讨厌的东西直说讨厌就好。情绪有正负两面，无论哪一种情绪都不是坏的，在体会悲伤心情的同时也能发现爱的力量。如果给自己的情绪贴上好坏的标签，会导致自己陷入痛苦。

在你的人生中，最重要的是你自己。如果你没有获得满足，就无法给周围的人带去幸福和爱。重视自己的心情吧。

在这个问题中，让我们一起来思考如何重视自己的心情。

几个问题，让你明白自己的心情

让我们来一同发现自己真实的心情吧。

问题 2-1 现在，你有什么想说却没能说出口的话？

试着回忆自己想表达的感情、想传达的想法和压抑在心里的情感。

问题 2-2 为什么说不出口呢？

为什么你无法坦诚地表达自己的心情和意见呢？你在害怕什么呢？

问题 2-3 如果持续抑制自己的心情，你觉得会发生什么事呢？

试着想想，你能从中得到什么，又会失去什么。

问题 2-4 为了改善自己的心情，你能做什么呢？

在情绪崩溃之前，试着做一些你能做的事吧。

参考回答 & 信息

问题 2-1 现在,你有什么想说却没能说出口的话?

- 想向喜欢的人表白。
- 想获得上司的表扬。
- 想向父母表达感谢之情。

　　像这样,再次扪心自问,你会发现被自己压抑的想法和感情。不管你要不要去表达,首先,意识到自己的感情是很重要的。

问题 2-2 为什么说不出口呢?

- 害怕对方的反对。
- 觉得不必特意说出口,于是就不说了。
- 因为不好意思。
- 希望自己不说对方也能明白。

　　有些事情,不说出口就无法传达。而没有被传达的心情,对对方来说就等于不存在。实际上将想法或感情表达出来后,你可能会得到与想象截然不同的反应。

问题 2-3 如果持续抑制自己的心情,你觉得会发生什么事呢?

- 什么都不会改变。
- 到了无法向对方传达想法的时候可能会后悔。
- 越来越觉得自己不值一提。
- 也许可以维持表面的人际关系不被破坏。

　　如果你能想象,那么就能避免问题的出现。是通过自身的改变来创造更好的未来,还是走向一成不变的未来,这一切由你决定。

问题 2-4 为了改善自己的心情,你能做什么呢?

- 试着和好朋友谈一谈。
- 试着写日记。
- 不管对方能否采纳自己的意见,总之先讲了再说。
- 不抱期望,试着做好迎接最坏结果的准备,并且与对方谈一谈。

　　这里有两个步骤。第一个步骤是"好好感受"。比起他人的心情,你可以先将注意力集中到自己的心情上。第二个步骤是"好好表达",虽然能否接受是由对方决定的,但你不将自己的想法说出口就表示你从未做过努力。

几个问题，让你与讨厌的情绪友好相处

讨厌就是讨厌，不要隐藏自己的心情，
而是应该思考能与它们友好相处的方法。

问题 2-5 什么时候会让你觉得讨厌？

试着回想一下自己的日常生活。

问题 2-6 在你觉得讨厌的时候会出现什么问题？

试着思考一下在你觉得讨厌时会出现哪些问题。

问题 2-7 在你觉得讨厌的时候会有什么好事发生？

相反，在你觉得讨厌的时候可能会有一些好事发生。试着改变自己的想法。

问题 2-8 你要怎样接纳这些讨厌的情绪呢？

今后也一定还会有让你觉得讨厌的情绪出现，那么，你要如何接纳它们呢？

017

参考回答 & 信息

问题 2-5　什么时候会让你觉得讨厌？

- 在人群中与别人相撞的时候。
- 被人说坏话、觉得不被尊重的时候。
- 看到让自己生气的人的时候。
- 收到无理要求的时候。

　　列举一些自己觉得讨厌的场景，就能找到自己的"情绪开关"，知道自己在哪些时候会觉得讨厌。了解了自己的"情绪开关"，你就能回避这些讨厌的情绪，也能巧妙地与情绪共处。

问题 2-6　在你觉得讨厌的时候会出现什么问题？

- 情绪低落。
- 无法享受事物。
- 内心的优先顺序下降。
- 无法保持平静。

　　产生讨厌情绪本身既不是坏事也不是好事，在这种情绪之后出现的行动和感情可能才是关键。你不必关注感情的好坏，而是应该将关注点放在产生感情之后的事实上。

问题 2-7　在你觉得讨厌的时候会有什么好事发生？

- 下一次可以避免。
- 有了重新审视与这种讨厌心情相处方法的机会。
- 知道自己到底想要什么。
- 自己能不再做讨厌的事情。

　　举个例子，其实在嫉妒的感情中隐藏着强烈的羡慕与向往之情。而正是因为自己没有，所以你才会嫉妒。在负面的情绪中，你可以发现真正的自我。

问题 2-8　你要怎样接纳这些讨厌的情绪呢？

- 不再做讨厌的事。
- 不是保持原样，而是积极地面对。
- 利用这种情绪加深对自己的了解，使自己幸福。

　　只要你活着，就无法完全脱离负面情绪。你不应试图逃避负面情绪，而是应积极地与其相处，从中获得宝贵的经验。将自己置于更高的地方客观看待问题，巧妙地与这些讨厌的情绪共处吧。

> 在这个问题的最后

请珍视自己

如果你没有好好地珍视自己，那么其他人也必然不会好好珍视你。坦诚面对自己的内心，重视自己就好，更加率性一点也不要紧。毕竟，"以自我为中心"和"率性"本来就是不同的。

以自我为中心指的是"不管别人如何，只要我自己觉得好就行"。而我们在生活中必然要与他人相处，所以以自我为中心的人总会碰壁。

而率性指的则是"保持自我"，真实地活出自己的人生。率性的人也能好好地重视他人。

如果在不率性的状态下去珍视他人，就会觉得我明明都为你做了那么多，你却毫不领情，不由得期待得到对方的回报。你要保持率性的自我，在做自己的同时，你能给他人带去快乐就再好不过了。

另外，就像你珍视自己一样，你也应注意"对方是否珍视他自己"。珍视自我的人，才能在真正意义上为他人着想。

⚑ 任务：了解自己的感情

多问问自己：现在我感受到了什么？如果是我，我会感受到什么？另外，请你开始做一些将自己置于首位的事，哪怕从一天一件事开始也可以。

不禁忍耐

过去，我非常不擅长表达自己的感情。

在我之前的婚姻生活中，我无法好好表达自己的感情，一直忍住不将想说的话说出口。在当时，一切似乎看上去十分圆满，但在我的心中却留下了"忍住不说"这一事实。为此，我饱受折磨。

在工作中，我也一直坚信自己的意见没什么意义，所以在会议中也从不发言。虽然我从中能学到一些知识，但这种想法正是"只要自己好就好"的自我主义吧。我也就此失去了在场的意义。其实，直到有一天，一起参加会议的人对我说："你不用来了！"我这才意识到了这一点。

"比起自己，更重视他人"，这话听上去很不错，但实际上这才是真正的自我中心的行动。

将评价的权利交给他人，你不必对自己的价值进行判断；不必将自己的感情、心情和意见贴上标签；不必去判断孰好孰坏，这样你就能如实地传达自己的感受。

无论是对你个人来说，还是对你身边的人来说，保持你最本真、自然的模样是非常重要的。

问题 3

3

让人神清气爽地做出改变：想要放弃和扔掉的事物是什么

丢掉不必要的东西，轻装上阵。

真的有必要吗?

请你试着想象一下。

你的双手拿满了东西,腋下夹着东西,头上放着东西,嘴里还叼着东西,已经没办法再拿更多的东西了。

在这种状况下,如果有人和你说:"我有个很重要的东西要给你。"你会怎样呢?

不管你有多想要别人给的东西,你都已经无法再接受了。你不能先收下再去扔掉不需要的东西,因为你已经没办法拿了。

此时,你要先扔掉一些东西,才能有接纳物品的空间。

在我们每天的生活中,无论是时间、金钱、心情还是精神都被占满了,已经没有接纳新事物的空间了。尽管如此,我们却总是希望拿更多的东西,希望开始一些新事物,所以完全无法前进。我们持有的、背负的东西太多了,脚步也变得沉重无比。

至今为止被我们视若珍宝的东西,对于明天的自己来说可能会变得多余。再次好好看清自己珍视的和要丢弃的东西吧。

先扔掉一些东西。丢掉多少东西,就有重新拥有多少新东西的空间。

几个问题，帮助你分辨对自己来说不需要的和重要的东西

请你再次环视四周，看看是否有很多不需要的东西。

问题 3-1 在今后的生活中，你要重视什么？

想一想对自己的人生来说至关重要的"十条法则"吧。

问题 3-2 想要放弃和扔掉的事物是什么呢？

这些事物包括物品、感情、记忆、思维方式等。客观地审视现在的自己，发现自己不需要的东西吧。

问题 3-3 今后想要重视什么东西？

今后想要继续重视的东西是什么呢？

问题 3-4 不可或缺的东西是什么？

重新看看到目前为止的答案。是否有一些东西，只是你觉得它必不可少而已呢？

参考回答 & 信息

问题 3-1 在今后的生活中，你要重视什么？

- 轻松地进行挑战。
- 保持自由。
- 不找借口。
- 珍视自己。
- 以自己的步调前进。

　　写出一些在生活中重要的事项，将其作为标准，你就能坚定地生活下去。请你以这个标准来看看哪些是不需要的，而哪些又是重要的。

问题 3-2 想要放弃和扔掉的事物是什么呢？

- 没有自信的自己。
- 想着以后可能会用到而收起来的东西。
- 关键时候临阵脱逃的自己。
- 过度饮酒。
- 对他人的抱怨和不满。

　　请你在写下答案后，再问问自己："真的是这样的吗？"如果你丢弃的东西总是和过去丢弃的东西一样，那就不会发生任何改变。有没有一些东西是你其实很想扔却无法扔掉的呢？

问题 3-3 今后想要重视什么东西？

- 做一个善良温柔的人。
- 尽情享受自己的人生。
- 每天早上好好吃饭。
- 珍惜独处的时间。
- 不在意众人的目光，去做自己喜欢的事。

　　如果你重视的东西总是和过去一样，那就不会发生任何改变。其实有些过去你重视的东西对于现在来说，是不必重视的。试着去怀疑你曾经重视过的事物，也许很多东西对明天的你来说是不必要的。

问题 3-4 不可或缺的东西是什么？

- 自己。
- 相爱的伴侣。
- 家人。
- 自己的幸福。
- 周围的笑容。
- 最起码的物质基础。

　　在你坚信其重要性的东西中，有很多东西其实是无关紧要的。人生中最重要的事，就是去珍视经过上一个问题的思考后，你仍然觉得重要的东西。希望你能意识到这一点。

几个问题，让你扔掉不必要的东西

扔掉那些总是无法扔掉的东西吧。

问题 3-5 该怎么扔？

试着思考扔东西的具体方法。

问题 3-6 你在害怕什么呢？

无法丢弃，是因为你害怕失去。试着想象一下在扔掉东西之后会发生什么。

问题 3-7 你要活出怎样的自我呢？

试着想一想，今后你想要怎样生活。这样，你就能自然而然地发现对你来说不合适的事物。

问题 3-8 怎样才能更好地体会和享受呢？

有些东西是想扔却扔不掉的。在这种时刻，试着再次思考一下与它们相处的方法。

参考回答 & 信息

问题 3-5 该怎么扔?

- 大扫除。
- 决定优先顺序。
- 与能扔掉东西的人成为朋友,听听他们怎么说。
- 为了防止遗忘,写下来贴在房间里。

　　人是依靠习惯生活的,所以一不留神,又会变回原来的自己。如果对想扔的东西仍恋恋不舍,那么就总是无法扔掉。先去深入寻找那些真正不需要的东西吧。

问题 3-6 你在害怕什么呢?

- 可能有一天会需要。
- 可能实际上是必不可少的。
- 对于今后的自己感到害怕。
- 无法想象扔掉东西之后的情况。

　　具体想象一下扔掉东西之后的情景,你就会发现其实根本没什么好怕的。即使是那些对你来说真正需要的东西,只要你能心怀感激地与它们道别,那么在你需要的时候,它们会再次回来。

问题 3-7 你要活出怎样的自我呢?

- 轻松的自己。
- 英姿飒爽的自己。
- 充满爱心的自己。
- 发自心底享受人生的自己。

　　描绘出理想自我的具体蓝图,然后去活出那样的自己吧。试着完全成为理想中的自己,那些不合适的东西会带来不适感,自然,你也就能扔掉它们。

问题 3-8 怎样才能更好地体会和享受呢?

- 将人生当作游戏。
- 尽情享受只有当下才能体会到的心情。
- 可能只是自己钻了牛角尖,所以要好好地与内心进行对话。
- 尽情品味,直到感到厌烦。

　　因为我们都不是独自一人生活的,所以也会有一些想要放弃却无法放弃的事物。此时,重新想想相处之道吧。世上没有"不快乐的事",只有"无法从中得到快乐的自己"。

> 在这个问题的最后

进行自我更新

我们从一名学生到步入社会的成年人，随着环境的变化，一些过去觉得珍贵的东西也不再珍贵，还会出现一些新的重要的东西。

有时，我们需要自己去创造这种"变化"，根据年龄、环境和自己的生活方式，对自己进行更新。

如果自己保持一成不变，那么就会持续过着一成不变的生活。如果想对现实进行改变，就要扔掉不需要的东西，将其替换成必要的东西，与此同时变成新的自己。

有时，我们可能会找不到梦想和想做的事。此时，我们要先扔掉不必要的东西，一身轻便之后，便能自然而然地迈出下一步。

放弃和丢掉东西是需要勇气的。但是，不必强求自己去丢弃，而要先构想出觉得它们不必要的自己，这样我们就能自然而然地丢掉它们。

🚩 **任务：扔掉不必要的东西**

请你在日常的生活中，想象扔掉不必要的东西之后的自己，从"扮演未来的自己"开始即可。而你所扮演的自己渐渐地会变成真正的自己，那些不需要的东西也都会消失。

专栏 3

建议体验随从人员的工作

现在的我是一名讲师，我的工作就是在众人面前讲话。但其实在做这份工作之前，我在四五个人面前都会紧张到说不出话。当时，为了成为讲师，我首先放弃了"在人前紧张"这个特点。

为了让自己不紧张，我会在事前归纳好要讲的内容，练习说话的技巧，甚至还上过有关讲话技巧的课。但是，越是好好准备，我越担心自己能否按照准备的内容去讲话，因而变得更加紧张，所以对我来说，准备周全之后反而不顺利（当然我想一定会有人能靠事前准备而使讲话顺利进行）。

于是，我拜托一些优秀讲师，让他们允许我做帮助运营会场和接待的工作人员，这样我就能多次让自己置身于"演讲会"这一场合。然后，我一边听讲师说话，一边想象如果自己站在那里会如何。

后来，我终于习惯了演讲会，在人前讲话也变得轻松，不再紧张，我也能在人前轻松讲话了。

改变那些对自己来说既适合又理所当然的事物，自身和环境也能随之产生变化。

问题 4

4

邂逅真正想做的事：如果所有梦想都能实现，你想实现什么

积极地设计自己的人生吧。

过上无悔的人生

曾经有一项问卷调查，问那些因病而时日不多的人：你最后悔的事是什么？回答最多的是：没有去挑战曾经想做的事。

即使想着有一天要去做，但如果自己不主动采取行动，这个"有一天"就永远不会到来。

相反，如果能自己开始行动，那么"今天"就会成为"有一天"。

我们并不知道挑战的事是否能全部圆满实现。但是，不去挑战，就什么都无法实现。

也许有人会在意自己到底能不能做到。但是，仔细想想，如果不去尝试，就永远不知道能不能做到。而且，我们从出生起，每天都在做一些从未做过的事，并在这个过程中获得成长。如果因为没做过这件事而不去做，那么就会始终保持婴儿的状态，无法长大成人。其实，没做过的事并不可怕。

今后，希望你能不以"能不能做到"而是以"想不想做"为标准来思考。如果找到了内心真正想做的事，你总会发现许多关于"怎么做"的方法。

接下来，就让我们一起去发现你发自心底想做的事吧。

几个问题，让你找到自己的梦想

试着回想起你已忘却的、一直深埋内心的真实想法吧。

问题 4-1 如果所有梦想都能实现，你想实现什么呢？

从想要的东西、想做的事和想成为的人三个角度来思考，最少写 100 个。

问题 4-2 你向往和嫉妒的事是什么？

在向往和嫉妒的感情中，藏着你真正期盼的事物。

问题 4-3 小时候，你有什么梦想？

试着回想天真无邪的自己吧。

问题 4-4 让你忘记时间沉浸其中的事情是什么？

列举一些自己真正想做的事，而非不得不做的事。

031

参考回答 & 信息

问题 4-1 如果所有梦想都能实现，你想实现什么呢？

- 想去太空旅行。
- 希望在全世界各地都有舒适的房子。
- 想要有真心相爱的伴侣。
- 希望世界上没有战争和贫困。
- 希望自己一直保持好心情。

　　人根据自身的经验，总是会通过合乎自己身份的思维方式来思考。而在做出假设时，可以脱离自身的限制来进行思考，试着自由地想象吧。

问题 4-2 你向往和嫉妒的事是什么？

- 与优秀的伴侣一起享受人生。
- 每天都过得很愉快。
- 想做的事全都实现。
- 总是人群中的焦点。
- 总是闪闪发光。

　　在向往和嫉妒的感情中，包含着你真实的心声。因为你不会去向往和嫉妒你不想要的事物。同时，比起遥远的东西，能够实现的可能性越大，你就越会怀有强烈的向往和嫉妒之情。

问题 4-3 小时候，你有什么梦想？

- 开一家面包店，给大家带去笑容。
- 成为宇航员。
- 去世界各地的城市旅游。
- 成为足球运动员。
- 创造出有趣的游戏。

　　那些儿时的梦想，很可能现在也未曾改变，仍然潜藏在你的心中。试着重新回想当时的心情，无法言喻的兴奋会再次涌现吧。

问题 4-4 让你忘记时间沉浸其中的事情是什么？

- 读书。
- 修理东西。
- 与人愉快地聊天。
- 眺望海洋和天空。
- 为旅行做计划。
- 品尝美味的食物。
- 与孩子一起玩耍。

　　你可以去思考如何增加这些时间。人生中有不得不做的事和想做的事。无论选择哪一种，都是由你自身决定的，而充满了想做的事的人生，却是更加充实的。

几个问题，让你构想出最精彩的人生

现在，让我们来发现你在人生中想做的事吧。

问题 4-5 如果不为金钱所困，你会做什么？

去除金钱这一巨大的束缚，自由地想象吧。

问题 4-6 十年后的生活该怎样才最好？

试着思考十年之后住在哪里、和谁一起、做什么工作、有怎样的娱乐方式、过着怎样的每一天……

问题 4-7 十年之后，从谁那里收到怎样的感谢信会让你觉得开心呢？

试着写下十年之后，你从重要的人那里收到的信的内容。

问题 4-8 怎样才能实现梦想呢？

为了不让梦想只是梦想，试着思考现在能做的事。

参考回答 & 信息

问题 4-5 如果不为金钱所困，你会做什么？

- 去世界各地旅行，在不同的城市生活。
- 在充满自然气息的城市开一家吸引人的咖啡店。
- 创办学校，为孩子们的梦想加油。

　　出于"没有钱就寸步难行"的原因，我们往往倾向于做出更加实际的选择。但是，真正去做自己想做的事，未必会被金钱所困。金钱与做想做的事并不矛盾。

问题 4-6 十年后的生活该怎样才最好？

- 在温暖的南方小岛，与伴侣和孩子一起过着悠闲的生活。
- 出版书籍，成为有名的作家，不断发售畅销书。
- 与家人一起开一家有很多常客的咖啡厅。

　　试着想象一下十年后的理想生活，你就能自然而然地发现自己应该做的事情。让梦想只是梦想，还是逐渐将梦想变为现实，这都取决于你自己。

问题 4-7 十年之后，从谁那里收到怎样的感谢信会让你觉得开心呢？

- 从伴侣那里收到一封信，信中说："能与你一起共度人生真是太好了！"
- 从孩子们那里收到一封信，信中说："能有你这样的父母真是太好了！"
- 从客户那里收到一封信，信中说："多亏了你，他才能顺利找到工作。"

（请你将内容写得具体一些。）

　　信中所写的，可能就是你真正希望得到的东西。试着思考一下，为了能在十年之后得到那样的信，现在你该怎么做。

问题 4-8 怎样才能实现梦想呢？

- 专注于真正想实现的梦想。
- 和已经实现梦想的人成为朋友，听听他们是怎么说的。
- 每天睡前进行想象。

　　在心中想着"想要实现梦想"是非常重要的，试着告诉自己"无论如何都想实现"，培养出期待和雀跃的心情。

在这个问题的最后

去享受挑战

同样的十年，有人重复千篇一律的每一年，而有人每一年都不相同。不是说只有变化才是最重要的，如果你盼望着一成不变的生活，当然也没有任何问题。但是，如果你发现了心中"想做的事"，如果你心怀兴奋的情绪，那么主动行动是非常重要的。开始做一件新的事情也许会令人害怕，也确实有人因为害怕失败而踌躇不前。但是，请你试想一下，如果有一个游戏只要持续按下同一个按钮就能通关，会有人想买这个游戏吗？玩游戏的乐趣就在于多次挑战做不到的事，直至成功。

人生也是如此。一成不变地过着与昨天相同的生活，或许的确能让人觉得安心。但是，你一定能从中感受到不足，因为"轻松"和"快乐"是完全不同的。

不断挑战做不到的事，人生会变得快乐。并非只有成功才能令人喜悦。

🚩 任务：为梦想而生

只要发现了一些有点儿想做的事，就先去和朋友谈谈吧（去找那些不会否定你的想法、能认真倾听的朋友）。在交谈的过程中，你的梦想也会变得越来越具体。

麻烦能令人快乐吗?

我虽然喜欢旅游,但从未买过旅行指南。我总是轻松地出门,享受去当地获得信息的过程。

我曾遇到许多通过阅读旅行指南就能避免的问题,但是,在结束旅程进行回顾的时候,我发现有一些麻烦的旅行其实更有趣。这样的旅行能成为日后一段美好的回忆,也能成为与他人交谈的话题,所以我觉得能遇到麻烦的旅行对我来说是很好的时光。

人生与能遇到麻烦的旅行完全相同,多少有些起伏的人生才更有乐趣。

回顾至今为止的人生,我发现我有一段时期的记忆几乎空白,因为在那段时期,我的人生一帆风顺。我什么都不想,只需重复着与昨天相同的每一天。虽然很轻松,但这样的生活并不充实。

人生中,有想要停下脚步悠闲休憩的时候,有翻越"千山万水"重重难关的时候,也有满怀激动的心情发起挑战的时候。我并不是想说无论何时都要努力生活,而是想要告诉你,要坚定自己的意志,从心底尽情享受每一个时期。

问题 5

5

获取人生的开关：
你为了什么而活

发现自己的目标，就不会迷茫。

你是否过着"只求完成"的生活呢？

早上起床，洗漱收拾，在公共汽车中摇摇晃晃地前往公司……眼前有一大堆工作，回到家后却还有各种各样要做的事情。

你的人生是否也像这样，凡事都"只求完成"？今后的漫长时光，你是否也打算"只求完成"？

人生并不是一个惩罚，要规定你在几十年的生活中"必须活下去"。你可以自己将人生变成"想做的事"，把浪费时间和精力的每一天转变为自己创造的每一天。而这一切，取决于你的心情（意识）。

我小时候很讨厌学习，有一段时期做作业都是"只求完成"。因为被迫做自己不想做的事，只想着快点做完，我的成绩自然也不好。

而上了高中之后，我有了对未来的憧憬，发现了自己想做的工作。而为了能做想做的工作，我开始努力学习，学习则由"不得不做的事"变成了"想做的事"。

人生也是一样的。告别"只求完成"的日子吧。

几个问题，发现每天的乐趣

每一天如何生活、感受，都是你的自由。

问题 5-1 怎样才能更加享受每一天？

试着多写一些能让你觉得快乐的点子。

问题 5-2 能让你沉浸其中的时光有哪些？

试着找找至今为止能让你沉浸其中的时光的共同点。

问题 5-3 在工作中，得到什么会让你觉得最开心？

试着找到"金钱"以外的答案。

问题 5-4 你希望通过工作让谁得到怎样的快乐？

试着想想如何让更多的人开心，包括公司、客户等。

参考回答 & 信息

问题 5-1 怎样才能更加享受每一天？

- 想出一些更轻松的做事方法。
- 为自己准备一些小奖励。
- 定下每天的目标。
- 表扬自己。
- 遵循内心的真实想法去生活。

　　世上有的不是快乐的每一天，而是能感受快乐的自己。就算身处逆境，如果自己改变视角，那么也能变得快乐。而你无法享受的事物说明其并不适合你，应该早日放弃，不然就只会浪费时间。

问题 5-2 能让你沉浸其中的时光有哪些？

- 与伙伴在一起的时光。
- 能想象到愉快未来的时光。
- 有人为你高兴的时光。
- 做一些只有自己才能做到的事情时。
- 受到他人期待时。
- 做自己喜欢的事情时。

　　你应该知道打开自己兴奋开关的方式。这样，你就能享受一切。

问题 5-3 在工作中，得到什么会让你觉得最开心？

- 工作的意义。
- 克服困难时的成就感。
- 大家的笑容和幸福。
- 新的视角和思考方式。
- 自身的成长。
- 新的伙伴。
- 世界正在变好的感觉。

　　通过工作能得到的幸福感有很多。如果你能明白这一点，就能将工作从"不得不做的事情"变为"想做的事情"。

问题 5-4 你希望通过工作让谁得到怎样的快乐？

- 更多的人能活出自我，哪怕只有一个人。
- 希望大家能品尝到当季美食。
- 能拥有一朵鲜花的多彩生活。
- 希望能传播通过重新思考来获得勇气的方法。

　　只是"为了自己"，我们就能产生干劲。但是，如果是为了他人，我们就会拥有更强烈的干劲。如果你能彻底地做好你想做的事，给予他人幸福，就能得到最充实的生活。希望你能发现自己心中的想法。

几个问题，帮助你发现活着的目的

发现人生的目的之后，每一天都会变得熠熠生辉。

问题 5-5 如果一切都由你创造，你希望怎样改变世界呢？

如果一切都能由你自由创造，你将会改变什么，又将怎样改变呢？

问题 5-6 在什么时候，你会不明原因却不由自主地产生强烈的情绪？

在哪些时候，你会感动、生气或愤怒呢？

问题 5-7 如果要制作一部以你为主题的电影，你希望会是怎样的内容？

向别人介绍你做的哪些事情，会让你觉得开心呢？

问题 5-8 你活在世上为世界带来了哪些好处？

如果世界因你而变得更加美好了，那么是在哪些方面变得更好了呢？

041

参考回答 & 信息

问题 5-5 如果一切都由你创造,你希望怎样改变世界呢?

- 消除战争和贫困。
- 创造一个努力皆有回报的世界。
- 创造一个充满爱的世界。
- 希望到处都有鲜花。
- 创造一个所有人都能只做自己想做的事的世界。

　　这些回答很可能就是你想实现的梦想。虽然你能做的也许只是很小的事,但说不定,将这些事当成你活着的目的也不错。

问题 5-6 在什么时候,你会不明原因却不由自主地产生强烈的情绪?

- 看到他人拼命努力的时候。
- 仅靠一己之力就什么都做不到的绝望时刻。
- 感受到身处深切悲痛中的人的善良时。

　　创造更多感动的场景吧。或者,你可以消除生气和愤怒。以此作为活着的目的,你就能感受到强烈的力量。

问题 5-7 如果要制作一部以你为主题的电影,你希望会是怎样的内容?

- 在反复失败的过程中创造出微小幸福的故事。
- 受到许多人的帮助,最终成就大事的故事。
- 以身处人生谷底饱尝艰辛的体验为力量,帮助许多同样痛苦的人的故事。

　　像这样,试着客观地看待自己,以"人生"的长度为单位来思考,当下的每一天都会充满意义。

问题 5-8 你活在世上为世界带来了哪些好处?

- 创造了世界和平的契机。
- 实现梦想变得理所当然。
- 提升了别人的幸福感。
- 通过引导大家正常的饮食,挽回了大家的健康。

　　这样思考,你就会发现自己真正想要做成的事。而将这些事物变为现实,也许就是你活着的意义之一。

> 在这个问题的最后

为人生增添光彩

有些人拥有了一辈子需要的金钱,却还在辛勤工作(或者说这样的人比别人更努力)。因为对他们来说,工作不只意味着钱。如果能发现金钱以外的工作目的,人生也就能变得更加充实。重要的是,他们并不是因为经济充裕而开始思考工作的意义,而是因为有金钱以外的工作目的,才能赚很多钱。

我们为了什么而工作,又为了什么而生活?找到自己内心明确的理由吧,可以是为了自己,也可以是为了身边的谁(这样更好)。

你的目的不一定能达到但没关系。当然,如果你的目的能达到自然是最好的,但并不是只有实现才是重要的。在不断挑战的过程中,会产生竞争,会与他人更加密切,这些都会为你的人生增添光彩。

如果止步不前,你就只能看到相同的风景。正是因为看到了自己的目标,你才能向着舒适的方向稳步迈进,走进全新的世界。

⚑ **任务:发现人生的目的**

试着问问不同的人"你为了什么而工作"。另外,书店里也有许多名人自传,你可以从了解他人开始,看看别人在生活中都以什么为目的。

重新审视一切

在你想要开始什么的时候。

在你觉得最近似乎越来越循规蹈矩的时候。

在你干劲不足的时候。

在你无法取得预想结果的时候。

在这样的时候,请你试着问问自己"为了什么"。这样,你就能发现自己原本的目的,更新自己的目的。

我和我的做婚礼策划的朋友说,你可以问问接下来要结婚的人为了什么而结婚。这么一来,大家都能明确自己结婚的真正目的,从而能够避免离婚,长久地维持婚姻。

在别人找我商量创业的时候,我也会问他们:"你为了什么而创业?"这样,他们就会发现自己真正期望的东西。

如果不明白自己"真正期望的东西",你就会不知道该怎么做、该选择什么,甚至不知道该重视什么,所以就会动摇。

你为了什么而工作?为了什么而学习?

规则和结构又是为了什么而存在的?

试着重新审视你每天的生活和工作中的一点一滴。

问题 6

6

喜欢上自己：你想成为怎样的自己

成为最好的自己吧！

你是怎样的人？

你正在活成你所认为的自己。不管是喜欢自己的人，还是不喜欢自己的人，哪一个都是你自己创造出的"自己"。

开朗的人会在自己开朗的时候觉得心情舒适，于是自然就能成为开朗的人。

安静的人会在自己安静的时候觉得心情舒适，于是自然就能成为安静的人。

无法迈出第一步的慎重的人，则通过慎重对待每件事来创造自己的人生。

虽然不知到底是好是坏，但不管怎么说，创造出你的人正是你自己。虽然周边的环境多少会对你有所影响，但充其量只能是影响，同样的环境也会培养出完全不同的人。

所以，今后你可以自由地决定"活出怎样的自己"。也许你也会发现其实现在的自己就很好了。接下来，让我们来一起深入了解自己。

几个问题，发现自我

客观地审视自己吧！

问题 6-1 你觉得自己是怎样的人？

试着列举一些自己的特点。

问题 6-2 周围的人如何评价你？

你可以试着问一下身边的人："我是一个怎样的人？"

问题 6-3 你喜欢自己的哪些地方？

不必给别人看你的日记，所以请自由回答。

问题 6-4 你讨厌自己的哪些地方？

写下一些自己觉得讨厌而非别人觉得讨厌的地方。

参考回答 & 信息

问题 6-1　你觉得自己是怎样的人?

- 坚韧的人。
- 想法丰富的人。
- 快乐的人。
- 稳重的人。
- 默默奉献的人。
- 没耐性的人。
- 能独自享受快乐的人。

　　在这些回答中,没有一个是"事实",都只是你这么深信不疑而已。既然是你自己深信不疑的想法,那就可以通过自己的意志来进行改变。

问题 6-2　周围的人如何评价你?

- 幽默的人。
- 认真的人。
- 淘气的人。
- 十分讲究的人。
- 总是很开心的人。
- 重视他人的人。
- 粗枝大叶的人。

　　周围的人看到的你,毫无疑问也是你,只不过你自己不知道而已。你可以通过他人的目光来了解自己。

问题 6-3　你喜欢自己的哪些地方?

- 总是会去尝试任何新鲜事物。
- 总是努力去享受。
- 在与他人交往时能换位思考。
- 不轻易放弃。
- 总是能坦诚地倾听。
- 能明白他人的痛苦。

　　你有许多优点是非常优秀的。希望你能更加清楚地认识到这一点。

问题 6-4　你讨厌自己的哪些地方?

- 粗心草率。
- 时间观念淡薄。
- 总是无法行动。
- 没有耐性。
- 消极思考。
- 关键时候怯场。
- 总是只考虑自己。

　　缺点不过是优点的另一面,都是你的特点。如果你能接受有缺点的自己,那么你也能喜欢自己讨厌的部分。

几个问题，让你舒适地做自己

试着思考怎样保持真我。

问题 6-5 你在哪里能做最真实的自己？

你在哪里能够将自己的特点变成长处充分发挥呢？

问题 6-6 你在什么时候会觉得心情舒畅？

思考一些你自然而然地付诸行动的时候、感受自己发挥才能的时候和感到心情舒畅的时候。

问题 6-7 你觉得怎样的人是优秀的人？

试着想一想身边的人，再来回答。

问题 6-8 今后你想做怎样的自己？

如果你能成为任何模样的自己，你希望变成怎样的人？

参考回答 & 信息

问题 6-5 你在哪里能做最真实的自己？

- 需要想法和创造性的地方。
- 能按照计划推进各事项的地方。
- 不受任何人束缚、能自由选择的地方。
- 有清晰的规定、明确知道自己该做什么的地方。

　　所有人都不存在优点与缺点，有的只是自己的特点。而这一特点会成为优点还是缺点，会因你身处的不同环境而发生改变。置身于能让自己绽放光彩的地方吧。

问题 6-6 你在什么时候会觉得心情舒畅？

- 脱离人群中心，默默注视大家的时候。
- 不做任何计划，轻松出门旅行的时候。
- 促进大家关系更融洽的时候。

　　不断地去做那些会让你心情舒畅的事吧。在他人看来，正是这些事情造就了你的个人特点。

问题 6-7 你觉得怎样的人是优秀的人？

- 细心周到的人。
- 能深度思考的人。
- 坦率、能活出自我的人。
- 一视同仁的人。
- 在非常困难的情况下仍然微笑翻越障碍的人。

　　向往有两种类型。一种是因为与你不同，你才会产生向往。如果是这种情况，你应该尽早放弃，不然只会让自己痛苦。另一种是因为别人已经实现了你的未来，所以你会产生向往。在这种情况下，继续提升自己即可。

问题 6-8 今后你想做怎样的自己？

- 与现在一样的自己。
- 能更加关心体贴他人的自己。
- 能轻快地去挑战任何事物的自己。
- 能为他人提供各种各样乐趣的自己。
- 总是保持笑容的自己。

　　正如现在的自己是由你的信念所构成的，之后的你也会由你的信念构成。不是去期望自己能够成为善良的人，而是从现在做一件善良的事开始。

> 在这个问题的最后

像猫一样活下去吧

到目前为止，为了了解自己、接受自己，我已经提出了几个问题。但是，实际上，你在生活中不必在意自己到底是怎样的人（但在求职等需要将自己作为"商品"进行销售时，有必要提前了解自己。而这一问题会在问题8中进行讨论，希望你能看一看问题8）。

我非常向往猫的生活方式。猫非常清楚自己在哪里待着最舒服，也知道怎样能让自己心情舒畅。它会以自己觉得舒服的方式坦率地生活：猫并不知道自己的性格，也不知道自己有哪些魅力，但它还是按照自己的方式生活。

你也应该去搜寻能让你觉得舒适的事物。这样，你就能顺其自然地塑造出"你自己"。同时，周围的人也能看在眼里，会评价你活出自我、富有魅力。

如果你总是在意他人怎样看待你，那么你的生活就会变得越来越痛苦。坦诚地面对自己，知道自己想要怎样生活、想成为怎样的自己，成为让你觉得舒适的自己就好。

⚑ 任务：让自己活得舒适

每天都试着做一些让自己心情愉悦的事吧。每天做一件就好，然后将其写下来，逐渐积累之后，你就能变得越来越像你期望的自己。

樱花和向日葵，各有千秋

世上也许有些人并不喜欢自己，他们总是将自己与他人相比较，总是说着"我不行"。

但是，这样就永远无法幸福。我们是无法成为他人的，在我们每个人身上都有着可以改变和不能改变的部分，同时还有不该改变的部分。

羡慕他人，就像樱花羡慕向日葵。樱花看到向日葵，祈祷"我也想开出黄色的花朵"。但是，不管怎么努力，这都难以实现。就算樱花能够开出接近黄色的花朵，它也无法像向日葵那样拥有天生耀眼的黄色。

樱花还是开出粉色的花朵才好，这才更为自然。同理，向日葵也应保持向日葵的样子。而你，只要成为你自己就好了。

我们只能依靠现在的身体和心灵活下去。不要放弃，我希望你能好好接受它们。人类总是相互索取自己没有的东西，你羡慕的人，一定也正在羡慕着你。

不必去改变什么，只要接受现在的自己就好了。希望你能明白，你就是你，是了不起的存在。

问题 7

7

改变世界：
你想要挑战什么

不断蜕变吧。

人们应该不断成长

为了更幸福，人们应该不断成长。

幸福就像滂沱大雨，总是向你倾注。只要你伸出手用容器去接它，就能不断地积累幸福。

如果你手中有小酒盅，那么你就能得到小酒盅里能装下的幸福。如果你手中有木桶，那么你就能得到木桶里能装下的幸福。因此，为了能接受更多幸福，我们应该使自己手中的容器变大。

容器越大，你就越能感受到更多的幸福，而成长就是不断使容器变大的过程。

小青虫长成大青虫，不能称为成长，只是体型变大而已。小青虫需要挑战自己，经历蛹期，才能破茧成蝶，获得翱翔天空的快乐。

去挑战一些对于现在的自己来说稍有难度的事物，就能获得成长。

在这里，让我们来一起思考快乐的挑战吧。挑战后，你会迎来一个更加充实的自己。

几个问题，让你享受成长

创造让自己成长的环境吧。

问题 7-1 什么时候你会想要成长？

你在什么时候会觉得不甘心和难为情，认为自己需要成长？

问题 7-2 现在，你想要获得怎样的成长？

试着想象自己具体想要变成什么样子。

问题 7-3 什么时候你会感受到自己的成长？

在哪种状态下，你会想要表扬自己呢？试着构想成长的目标。

问题 7-4 有什么事是你现在做不到但想要尝试的？

试着思考一些快乐的挑战。这也是重要的成长。

参考回答 & 信息

问题 7-1　什么时候你会想要成长?

- 工作进展不顺利的时候。
- 被同事拉开差距的时候。
- 无法回应周围的期待的时候。
- 明明有想做的事却做不到的时候。

　　想要成长的心情是很重要的,将它转化为激励自己的能量吧。如果你没有感受到成长的必要性,那么,也许你应该去尝试一些全新的挑战。

问题 7-2　现在,你想要获得怎样的成长?

- 想要变得能接受自己的弱点。
- 想要变得能倾听他人并提出吸引人的方案。
- 想要掌握一门技术并成为业界第一。
- 想要制作出自己满意的东西。

　　明白对自己来说必要的东西,也是非常重要的。在你找不到答案的时候,可以试着去问问知道自我目标的人。

问题 7-3　什么时候你会感受到自己的成长?

- 在我不必做任何妥协之后。
- 在他人对我的感谢增加了之后。
- 在我能认可自己之后。
- 在师傅没什么可教我的之后。

　　成长是没有尽头的,但为自己设立一个能看得到的目标,可以增加干劲。而看不清目标的话,就很容易迷失前进的方向,逐一填补目标与现状之间的差距吧。

问题 7-4　有什么事是你现在做不到但想要尝试的?

- 想要出书。
- 想要有自己的店铺。
- 想提高自己的工作业绩,成为公司第一。
- 想要成为深受部下景仰的上司。
- 想要对上司说出自己的意见。

　　虽然缩短目标与现状之间的差距能使人成长,但接受一些快乐的挑战,也能使人成长。

几个问题，让你把障碍变为成长

翻越眼前的障碍吧。

问题 7-5 现在，你有什么问题和烦恼？

写出眼下的所有问题和烦恼。细节才是关键，全部写出来吧。

问题 7-6 在这之中，有怎样的担忧和恐惧？

试着直面自己内心的情绪，不必隐藏、压抑。

问题 7-7 在翻越障碍之后，你会成为怎样的自己？

在翻越这个障碍之后，会有怎样的世界在等着你，又会迎来怎样的自己呢？

问题 7-8 怎样才能使自己更加兴奋？

试着思考如何将"不得不做的事"转变为"想做的事"。

参考回答 & 信息

问题 7-5 现在，你有什么问题和烦恼？

- 公司内的人际关系不和谐。
- 虽然有想做的事，但没有自信，无法实行。
- 虽然必须要运动，但却做不到。

　　有时候，仅仅将烦恼写出来就能整理自己的思绪。如果只是隐约地觉得烦恼，反而会演变成不安和担忧。

问题 7-6 在这之中，有怎样的担忧和恐惧？

- 担心会被讨厌。
- 害怕自己做不到。
- 害怕吃苦。

　　对于这个问题，写下答案同样非常重要。内心不明朗的状态下，恐惧会逐步扩大，但如果能明确地将它们列出来，就能好好直面。

问题 7-7 在翻越障碍之后，你会成为怎样的自己？

- 能真正地感受爱。
- 对自己怀有信心，越来越喜欢自己。
- 能成为健健康康、神清气爽的自己。

　　想象一下翻越障碍之后的情境，你就会拥有直面问题的勇气和干劲。

问题 7-8 怎样才能使自己更加兴奋？

- 寻找一起工作的伙伴。
- 从开心而非困难的事情开始做起。
- 明确告诉自己尊敬的人，请他关注自己。

　　我们总是会觉得解决问题和烦恼是不得不做的事情，这样想也就自然不会产生干劲，所以将其转变为"想做的事"是非常重要的。

> 在这个问题的最后

很多人因为"不想失败"才无法成长

失败并非坏事,反而是非常好的事。正是因为经历了失败,才知道如何成功。如果无法迈开步伐,就什么都无法开始,而真正的问题都要在实际行动之后才能发现。

不管做多么完善的准备,实际去做时总会发生一些意料之外的事。所以,不要有心理负担,轻松迈出第一步才是最重要的。

也不要想太多,不要为自己找借口说没有时间、没有金钱、没有自信。如果不想做,那么不做也无妨。如果想做,就不要耗费时间寻找借口。

人至死都无法完美无瑕,因为人永远都在不停地变化、成长。也许会有一些让你觉得害怕的事物。但是,只要踏出第一步,就能打开新世界的大门。不必准备,只要踏出第一步就好了。然后,你只需竭尽全力。

🚩 **任务:每天做一件新的事**

试着每天做一件新的事吧:去从未去过的店铺、买从未买过的东西、和新认识的人谈话、读一本新的杂志、走一条没走过的路……你能做多少新鲜的事,你的世界就会拓宽多少。

自信是什么

"我没有自信。"

我常常会听到这句话。总有人说自己虽然想尝试去做,可是没自信,所以做不到。

实话说,我也没有自信。更确切地说,我根本不在意自己有没有自信。我做一件事并不是因为有自信才去做,而是因为想做才去做的。

曾经有一位女性和我说她没有自信。我问她:"如果我出钱,你有自信去非洲小国家旅行吗?"她立刻回答:"不,我没自信也不想去。"我又问了她喜欢的演员,接着继续问她:"如果你喜欢的演员在非洲某个国家的机场等你,你们可以一起旅游一周,那你还会去吗?"她回答道:"我去!我想!"我试着深究:"不是说没自信吗?"她说:"不,怎么能这么说呢!我肯定会去!"

自信不过就是如此。因为你的期待感不够,所以才以没有自信为借口。而对于那些真正充满期待想做的事,你不会去思考自己有没有自信。

在你觉得没有自信的时候,试着问问自己:"怎样才能提高期待感?"

问题 8

8

发现自身价值：我能给别人带去什么好处

一起来规划你的职业吧。

成为必不可少的人

也许有些人会思考自己的价值到底是什么，不知道自己适合怎样的工作。既然都是工作，那就不如做些能够创造价值、让自己快乐的工作。这里，让我们来一起思考有关"职业"的问题吧。

当今世界瞬息万变，即使是号称绝对安稳的企业，也可能会面临破产危机，不再有"在这个公司工作就能一生安心"的情况。这对我们的工作也造成了巨大的影响。

如果是在某一个公司就能一直安心的时代，只要去做那个公司要求做的事情就好了。但是，这个公司消失了之后会如何？被放逐到"荒原"后，你能够"活"下去吗？

有时，当我问别人"你在做什么工作"时，对方会回答道："我在……公司工作。"或者"我是……公司的部长。"这种情况其实是非常危险的。比起所在的公司，你更应该思考的是由你本身能创造出怎样的价值。也就是说，如何用你的经验、知识和才能去换取金钱。

我并非鼓励你创业。我想说的是，如果你能在理解自身价值的基础之上提升自己，就能成为团体中被器重的人，即使脱离团体你也能够好好活下去。无论何时何地，都试着培养出一个必不可少的自己吧。

几个问题，让你发现自身价值

全面分析自己，发现自己的价值。

问题 8-1 能让你沉迷其中以至于忘记时间的事是什么？

例如，能让你抱有无穷兴趣的事，能让你一直沉迷的事，能让你觉得幸福的事。

问题 8-2 你能得到他人夸奖的事是什么？

他人称赞你厉害、对你表达感谢的事都是什么？

问题 8-3 到目前为止，你有什么特别的经历？

你曾耗费大量时间与金钱的事、学到的东西以及宝贵的体验。

问题 8-4 如果有一项才能是你独有的，你觉得那是什么？

无论多么细小的事都可以。他人做不到，只有你才做得到的事是什么呢？

063

参考回答 & 信息

问题 8-1 能让你沉迷其中以至于忘记时间的事是什么？

- 读书。
- 插花。
- 设计。
- 旅游。
- 倾听他人的烦恼。
- 品尝美味的食物。
- 和大家一起玩。

　　工作的基础是"喜欢"。将喜欢的事变为工作，不必特地努力就能自然地获得成长，最重要的是每天都会很开心，把你的"喜欢"变成工作吧。

问题 8-2 你能得到他人夸奖的事是什么？

- 具有领导能力。
- 想法很丰富。
- 好沟通。
- 厨艺好。
- 对事物的理解力出众。
- 总是能看到别人看不到的地方。
- 擅长领导别人。

　　被别人夸奖的，就是你擅长的事物。光靠喜欢是无法做成工作的，而做既喜欢又擅长的事，才能顺利地做成工作。去不断提升你擅长的部分吧。

问题 8-3 到目前为止，你有什么特别的经历？

- 现在这份工作做了二十年。
- 曾经环游世界。
- 做过能载入书中的伟大工作。
- 离婚、患抑郁症等让人生陷入谷底的事。
- 在乡下过自给自足的生活。

　　你"知道"的事情，是很难成为工作的。毕竟现在互联网如此普及，大家都可以通过网络知道各种各样的事。但是，你"经历"过的事，可以成为你的工作。应该会有很多人需要借助你的经验。

问题 8-4 如果有一项才能是你独有的，你觉得那是什么？

- 体会他人的心情。
- 即兴唱歌。
- 脑中的想法不断涌现。
- 总能想办法解决几乎所有事情。
- 能记住只读过一次的书。
- 能用绘画来表达情绪。

　　如果你能发现这四个问题的共同点（喜欢、擅长、经历、才能），那你就无疑可以开始规划自己的职业了。把它变成你的工作吧。不过，有时候，才能可以通过花费时间来培养。

几个问题，创造你的工作

去将自己的价值变为工作吧。

问题 8-5 需要你的都是怎样的人呢？

对于哪些人来说，你在前面四个问题中发现的答案是有必要的呢？

问题 8-6 与你相处会有什么好处呢？

你能给他人带去什么好处呢？

问题 8-7 你有多大的价值？

如果将你能够提供的事物换算成金钱，大概有多少呢？

问题 8-8 如果你能不断地发挥自己的长处，世界会发生哪些改变？

如果与你相识的人更多，那么世界将会发生哪些改变？

参考回答 & 信息

问题 8-5　需要你的都是怎样的人呢？

- 独自一人，寂寞孤独的人。
- 想要绽放笑容的人。
- 希望得到满足的人。
- 喜欢美食的人。
- 想要有更多新鲜体验的人。

　　工作是由人与人之间的"差别"构成的。如果能发现人与人之间知识、经历、感觉等差别，就能将它变为工作。试着寻找那些需要你拥有的才能的人吧。

问题 8-6　与你相处会有什么好处呢？

- 能拥有笑容。
- 能勇敢地朝前迈出一步。
- 能对自己产生信心。
- 能感到满足。
- 能拥有雀跃、兴奋的心情。
- 营业额会上涨。
- 笑容增加，人际关系变好。

　　那些对方接受之后能变好的事物，就是你能带给别人的利益。而为他人提供利益，就是你的工作。我通过本书来支持你创造出最精彩的未来，对我来说，这就是我能为你带来的好处。

问题 8-7　你有多大的价值？

- 10 万日元（100 日元 ≈ 6.5 人民币）左右。
- 5000 日元左右。
- 不清楚。
- 无法用金钱来衡量。

　　为你的好处标价后，你的好处就能成为你的工作。无论是自己创业的人还是在公司就职的人，都是一样的，去了解自己的好处能创造出多大的价值吧。在自己不清楚的时候，你可以问问身边的人。

问题 8-8　如果你能不断地发挥自己的长处，世界会发生哪些改变？

- 烦恼的人会变少。
- 大家都能过上自己心中最美满的人生。
- 世界和平。
- 受病痛折磨的人减少。
- 没有自信的人减少。
- 世界变小。

　　如果将你的长处变成工作，你会很快乐，你的客户（公司）也能快乐，同时，你还能给社会带去更多的好处。希望你能够注意到这一点。

> 在这个问题的最后

提高对"价值"的感受

"价值"指的是他人在与你相处过程中能够得到的好处,培养这种感觉是非常重要的。了解自己能提供怎样的价值,不断进行提升,可以打磨自己的职业。

举个例子,我经常会去咖啡厅,但我不是去购买咖啡和蛋糕,而是购买"悠闲工作的场所";在居酒屋,我们购买的不是料理和酒,而是大家聚在一起热闹的时光。真正的价值其实潜藏在表象的背后。

我朋友的公司解雇了一名业绩不佳的女士。但是,在这名女士走后,公司内部的人际关系开始变得紧张,结果公司整体的营业额都大幅下滑了。那名女士虽然不擅长销售,却发挥着她的价值,即改善公司内部的人际关系,提高士气。我认为这样的人可以成为领导。

你也不断地去提高自己的"价值"吧。

🚩 **任务:价值**

希望你在付钱的时候能思考一下商品的价值,问问自己"我刚才买到的是什么"。这样,就能不断加深自己对"价值"的理解。

职业是规划出来的

也许有些人不知道自己到底适合怎样的工作，不断寻找，为此烦恼。但是，职业并不是靠自己找到的，不是在顺利尝试各种工作之后突然发现的。

你所拥有的，与他人的需求相匹配，才能孕育出你的职业。也许有一部分人一开始就能契合，但是大多数情况下，你需要与周围进行磨合，职业才会产生。职业不是被你发现的，而是靠你培养出来的。

你需要更加深刻地了解自己拥有的东西（喜欢、擅长、经历、才能），并不断提升自己。与此同时，你也必须运用你拥有的东西去反复尝试，不断摸索能让客户高兴的方法。

你可能会觉得很难，但其实不是的。简单来说，你只要用你能愉快进行的事物来收集身边更多的感谢就好了。

然后，想想怎样才能收集更多、更深切的感谢。这是非常简单的事（关于提高自身价值的方法，请你参考问题9）。

问题 9

9

构筑爱的关系：
为了让眼前人开心，
你能做什么

让我们付出更多吧。

比起"得到"，不如"给予"

我想，无论是谁，都希望自己的人生能够更加丰富多彩。

我也曾经希望自己能更幸福，一个劲地思考自己得到了什么。这也想要，那也想要，这也想做，那也想做——我只考虑自己接受的东西。

无论是在我刚进入社会的时候，还是在刚开始创业的时候，我一有机会就请前辈教我点儿什么，也很努力地希望能得到点儿什么。开了公司之后，我也总对部下说"希望你做……"。我总是在意得到，所以无法顺利开展工作，也难得人心。

于是，比起"得到"，我开始重视"给予"。无论何时，我都不应想"怎样我才能得到"，而是要思考"怎样才能使眼前的人快乐"。

这么一来，虽然我没抱什么期待，却还是收获了很多来自别人的帮助。使人生更加充实的秘诀不是"收集"，而是"付出"。

在这个问题中，希望你能思考一下你能给予他人什么。你的人际关系将会得到巨大的改善。

几个问题，创造喜悦

用自己能做的事来给予周围快乐吧。

问题 9-1 为了使重要的人开心，你能做什么？

多小的事都可以。思考一下现在的你能做到的事情。

问题 9-2 你重视的人正在被什么困扰？他们的愿望又是什么呢？

他们无法独自解决的事是什么？你能帮助他们的事是什么？

问题 9-3 你做什么事情会不求回报？

对你来说开心的事是什么呢？以此来让自己快乐吧。

问题 9-4 你想与其他人分享什么？

无论是喜悦、快乐还是艰辛，分享之后，就能变得更加幸福。

参考回答 & 信息

问题 9-1　为了使重要的人开心，你能做什么？

- 倾听他们的抱怨。
- 一起喝酒解闷。
- 帮助他们做一些琐碎的工作。
- 和他们谈心。
- 介绍别人给他们认识。
- 把自己的经验告诉他们。

先让亲近的人开心，把你们的关系从相互掠夺转变为相互给予。

问题 9-2　你重视的人正在被什么困扰？他们的愿望又是什么呢？

- 工作难以进行。
- 对自己没有信心。
- 人际关系不顺。
- 想尝试新的工作。
- 无法摆脱循规蹈矩的生活。

若不了解对方，就无法使对方快乐。先试着观察对方，也许有些地方是他们本人都没有意识到的。

问题 9-3　你做什么事情会不求回报？

- 一起喝酒，倾听对方的心声。
- 一起去泡温泉，悠闲地享受。
- 为他做一些自己擅长的事。
- 聊一聊自己的经验。

如果做一些不符合自己性格的事，就会觉得"我明明为你做了这么多你却不领情"，不自觉地期待对方的回报，从而导致关系僵化。所以去做你想做的事就好，如果最终能使对方开心，那就更好了。就以这种方式去做吧。

问题 9-4　你想与其他人分享什么？

- 想与部下分享工作中的成就感。
- 想与伴侣分享育儿的快乐。
- 想与现在身处谷底的人分享自己走出低谷的故事。

比起独享重要的事物，与大家一起分享才更好。幸福感会伴随分享而增强。如果身边有能够分享的人，那么每个人就都能获得更多。从结论上来说，你的人生会更加丰富。

几个问题，构建人际关系

了解自己能做的事，构建人际关系吧。

问题 9-5 你想改善和谁的关系？

不管是家人、同事、客户还是其他人，今后你想和谁构建更好的关系呢？

问题 9-6 这个人现在正被什么困扰？

包括他的烦恼、想实现的愿望以及他需要帮助的事情。

问题 9-7 为了解决这一困扰，你能做什么？

试着思考一些你能乐在其中又不求回报的事吧。

问题 9-8 怎样才能以你的方式使对方开心？

有没有什么更具你个人特点的能让对方快乐的方法？

参考回答 & 信息

问题 9-5　你想改善和谁的关系?

- 公司里的上司。
- 一直关系不好的同事。
- 最近对话越来越少的伴侣。
- 一直对我很好的客户。

　　在思考人际关系时,如果你采用掠夺的交往方式,那么对方就会逃脱。要构建深刻的关系,首先要注意多为对方付出。

问题 9-6　这个人现在正被什么困扰?

- 部下总是不赞成自己的想法。
- 好像被大家孤立了。
- 想和大家关系变好。
- 想要被我认可。
- 工作和家务繁忙,没有属于自己的时间。
- 马上就要退休了,对未来感到不安。

　　越了解对方,你就越能为对方做一些能让他开心的事。人们会采取两种行动:要么逃避负面感情,要么追求正面感情。试着发现对方的正面与负面吧。

问题 9-7　为了解决这一困扰,你能做什么?

- 讲出自己作为部下的真心话。
- 好好听对方说话。
- 找到对方的优点。
- 表达感谢之情。
- 一起思考更高效的方法。
- 介绍别人给他认识。

　　用上一个问题中提到的"你的价值"来让对方开心吧。我再重复一遍:不能期待回报。因为你是在做自己喜欢的事,这样就应该足够能让你开心了。

问题 9-8　怎样才能以你的方式使对方开心?

- 为了使对方不郁闷,和他一起想些开心的事。
- 叫上朋友一起聚会。
- 写一封亲笔信。
- 邀请他去他想去的城市玩。

　　即使是同样的行动,以你的方式来开展,会得到更好的效果。你的方式指的是能使你的心情更舒畅的方法。如果你无法心情舒畅,那可能是用错了方法,或者搞错了对象。你若是强求,则无法持久。

在这个问题的最后

给予什么，就会得到什么

想象你对着墙壁投棒球，那么反弹回来的也必然是同一个棒球；扔出足球那么回来的也是足球。自己投出去的东西都会回到你的手中，人际关系也是如此。

如果你一直给予他人愤怒和悲伤，那么这些情绪也会原封不动地回到你这里。相反，如果你给予他人快乐与喜悦，你也会得到同样的东西。

另外，没有投球，就不会接到球，只有在你投球之后才会有弹回来的球。

如果你有想要的东西，那就先将其给予他人。广受支持的人其实也支持了很多人，被爱的人也是能够去爱别人的人。

希望你能明白，虽然我们不是为了得到而付出，但你不会得到你未曾给予的东西。

🚩 任务：用你自己的方式去付出

无论何时，都试着问问自己：为了让眼前人开心，我现在能做什么？然后，如实地去实践吧。最重要的是以你自己的方式快乐地去做。

丰富的形式

　　我想谈一谈我的父亲。我的父亲是一个无欲无求的人，工作上称不上有什么巨大的成功，生活也算不上丰富多彩。他在近70岁的时候去世了。直到那时他都没有自己的房子，也从未带家人出去旅游过。亲戚们有些看不起这样的父亲，而我也觉得自己的父亲是个窝囊的人。

　　但是，在父亲葬礼的时候来了很多人，母亲和我都吓了一跳。很多人告诉我："多亏了令尊才有了我的今天。"父亲直到去世前一刻都在工作，也有许多人志愿帮忙处理工作中的各项事务。

　　我的父亲未曾拥有什么看得到的东西，却拥有了众人对他的感情。我认为那才是无法用金钱计量的真正的丰富。他没有留下房子、土地和金钱，但他不是一个只知"索取"的人，而是一个懂得"付出"的人。

　　父亲在许多人心中都留下了深刻的印象，今后也会持续影响着大家的生活方式，父亲仍然活在大家的心里。

　　过上怎样的人生，认为什么才是真正的丰富，对此人们都有自己的看法，去珍视你觉得重要的东西就好。但是，若能让你了解到世上还有这种丰富的形式，会让我觉得无比喜悦。

问题 10

10

与烦恼和不安巧妙相处：烦恼的对岸有什么

掌握与烦恼和不安相处的方法吧，
它们会成为你的好伙伴。

人生宛如钟摆

　　正如光明与阴影、正面与反面必然同时存在一样，幸福与不幸、成功与失败也总是同时存在的。就像不可能只有光明和正面一样，只获得幸福和成功也是不可能的。

　　钟摆摆动的幅度由你决定。摆动的幅度越大，你就越能获得更大的成功，但同时也越有可能经历更大的失败。

　　或者说，正是因为经历了巨大的失败，才能获得巨大的成功。从未失败就抵达成功是不可能的，通过跨越失败，人生才变得更有意思。

　　失败并非丢脸的事，也不痛苦。倒不如说，什么都不挑战、连失败都不曾经历才是问题。

　　此外，最无趣的莫过于没有悲伤、没有愤怒，也不曾经历内心苦楚的人生。正是因为深切体会过这些感情，幸福感才能增强。

　　这么一想，失败和不幸都不是坏事。只不过我们总是给它们贴上好与坏的标签，才使得我们无法正确面对。

　　今后，在面临失败和不幸时，希望你能好好去品味——因为无法逃避。

　　在这里，让我们来思考如何与烦恼和失败相处吧。

几个问题，分解你正面临的难题

将心中隐约的烦恼具体化吧。

问题 10-1 现在，你被什么烦恼，为什么困扰？

无论多小的事情都好，把你的全部烦恼写下来吧。（之后的问题中会思考这里列举的烦恼，逐一攻克吧。）

问题 10-2 你觉得问题在哪里？

在上一个问题中列举的各种事项中，问题是什么？如果放置不管，会发生什么？

问题 10-3 现在的状态如何？

试着整理你的现状，包括顺利和不顺利的、做过和没做过的事。

问题 10-4 怎样的状态才是最好的？

在这个问题中，思考怎样的状态才能让你觉得最开心。

参考回答 & 信息

问题 10-1　现在，你被什么烦恼，为什么困扰？

- 找不到自己想做的事。
- 营业额上不去。
- 每天都不开心。
- 想结婚，但找不到理想的对象。
- 公司里有合不来的人。

　　将头脑中的烦恼和不安都写出来。虽然我们总是很难了解自己，但写在纸上能帮助你整理想法，更加客观地看待自己。

问题 10-2　你觉得问题在哪里？

- 再这样下去，就会一直心怀不满地活着。
- 每天都不开心。
- 看到开心生活的人就会嫉妒。

（之后，还会详细地对"找不到自己想做的事"这一烦恼的回答进行介绍。）

　　不是隐约觉得烦恼，而是要认真思考问题到底在哪里，发现烦恼的本质。说不定，你正在为一些不必烦恼的事而烦恼。

问题 10-3　现在的状态如何？

- 开始读书，与人交往。
- 还没找到合适的事物，又要花钱，非常担心这样的情况到底能维持到什么时候。

　　仅仅是整理现状，有时就能发现自己接下来该做什么。和看地图一样，如果不知道自己现在所处的位置，也就无法得知该怎样通往目的地。

问题 10-4　怎样的状态才是最好的？

- 能够找到让自己发自内心感到期待和兴奋的"想做的事"。
- 光是做一件事就让人觉得无比开心。
- 能够怀有"无论什么障碍都能克服"的想法。
- 内心慢慢地得到满足。

　　试着想象解决了烦恼之后的场景。这样，你就自然能拥有动力，也能明白自己该朝哪个方向努力才能解决问题。如果方向出错，再怎么努力也无法取得丰硕的成果。

几个问题，让你解决难题

将现在能做的事具体化吧。

问题 10-5 你觉得原因是什么？

想一想产生烦恼的原因吧，重复问问自己"为什么"。

问题 10-6 怎样才能解决？

不用想能不能做到，先多提出一些想法吧。

问题 10-7 你现在能立刻做到的事情是什么？

想想今天、明天、本周内能轻松做到的事。

问题 10-8 怎样才能更加开心地着手解决问题？

怎样做才能更加开心地完成上一问中的回答中提到的事情呢？思考一些能让你充满期待的事吧。

081

参考回答 & 信息

问题 10-5　你觉得原因是什么？

- 因为自己了解的事物和经验少，无法选择。
- 一直都在埋头工作，自己都不知道到底做什么才比较开心。
- 不知靠自己想做的事能否维持生计。

　　反复问自己"为什么"，可以挖掘出深层原因。营业额上不去。为什么？→客户少。为什么？→回头客越来越少。为什么？→可能是因为大家不满意吧。深入挖掘，就能找到问题的本质。

问题 10-6　怎样才能解决？

- 不要挑三拣四，扩展自己的眼界。
- 直接向发现了自己想做的事的人学习。
- 探寻自己的"乐趣"。

　　在你想不出来的时候，可以试着问问身边的人。尤其是询问已经解决了同样烦恼的人，会给你带来很好的启发。希望你能一直在脑海中保持问题意识，时刻记得问自己"该怎样做"。这样，你就能在日常生活中发现许多提示。

问题 10-7　你现在能立刻做到的事情是什么？

- 参加社团。
- 去你喜欢的作者的签售会。
- 每天设置做喜欢的事的时间，哪怕只有一个小时。

　　如果不去行动，就不会发生任何改变，从现在就能做到的事情开始做吧。关键在于不要有心理负担，轻松地去做。比起巨大的一步，小小的十步才能使你取得更切实的进步。

问题 10-8　怎样才能更加开心地着手解决问题？

- 邀请好朋友一起行动。
- 如果进展顺利，就去买好吃的蛋糕。
- 开始一直想尝试的兴趣爱好。

　　如果你的状态还是"不得不做"，那么最终是无法取得进展的。将"不得不做"转变为"想做"吧。

> 在这个问题
> 的最后

烦恼不好也不坏

有一个成语叫"塞翁失马,焉知非福"。这是中国的典故,告诉我们幸福和不幸都无法预测,应不以物喜,不以己悲。

人总是会凭借一时的感情去判断事物的好坏。但是实际上,已经发生的事本身都是既不好也不坏的。贴上"好"的标签,看上去就会变好,反之贴上"坏"的标签看上去就会变坏。实际上可能是好事,却被贴上了坏的标签,导致我们想要逃避,不想与其产生联系,那就太可惜了。不必为细小的事物而患得患失,用更大的视角去俯瞰事物吧,所有事情都会过去。

⚑ 任务:与烦恼好好相处

如果你心中有什么意难平的事,就来回顾一下本节提出的 8 个问题吧。你会发现,没有什么烦恼是无法解决的,而战胜烦恼之后,你将会获得喜悦。

一切都会顺利

我曾经深陷人生谷底：离婚，转让一直经营的公司，几乎失去了一切。当时，我没有房子也没有工作，有的只是几千日元的现金和巨额债款。实际上，我有好几次都想就这样结束自己的生命，当时我真的非常痛苦，觉得再没有比现状更加绝望和孤独的时候了。

但是，之后回想起来，我能挺起胸膛说："正是因为有当时发生的事，才有了现在的我。"我深入思考了各种各样的事，觉得自己变成了一个更强大的人。在那之后，我能够强烈地对他人的痛处产生同感，更重要的是我也懂得了对他人表达感谢。

如果没有那段经历，我应该不会做现在这份支持他人前进的工作，也不会写本书。

人生中会发生各种各样的事，但一切都会顺利进行。与到目前为止的人生一样，今后的人生中无论发生什么事都会一切顺利，只要怀着这一信念继续生活就好。

你的人生曾一帆风顺，往后也会万事顺遂。如此坚信，继续生活吧。

问题 11

11

开创如愿的人生：
你想要度过怎样的今天

人生是每一天的积累。
去过好丰富的每一天吧。

说到人生，总让人觉得过于笼统，无从把握，但其实人生只是每一天的积累

　　一天积累一件事，一年就有 365 件事。假设一生有 80 年，那么就能积累约 29200 件事。一周积累一件事的人，一年能积累 54 件事，一生只能积累 4320 件事。人生不是由活着的岁数构成的，而是由积累构成的。

　　有些人一边说着"总有一天"，一边度过了无数岁月；而有些人则爽快地开始，不断收获幸福。

　　两者的差别是很明显的。这取决于你在自己的人生中是否起了主体的作用。

　　没有人会让你幸福。你是人生的主角，让自己的人生变得更为丰富的只能是你自己。不要逃避让自己幸福这项使命。

　　现在在你眼前的现实，就是你至今为止生活的结果。虽然我不知道那是好是坏，但毫无疑问，都是你自己创造的。

　　如果你希望能变得更好、将一切变得更深刻，那么试着改变些什么吧。

　　这里，让我们来一起思考如何让每一天变得更加丰富、充实。

几个在早上回答的问题，创造幸福的一天

希望你能在每天早上回答这些问题，以此开启美好的一天。

问题 11-1 今天有哪些开心的事在等待着你？

想一想今天你有哪些开心的事情。

问题 11-2 今天你将怎样让自己开心？

多小的事都可以，想一想怎样才能让自己开心吧。

问题 11-3 今天你想要挑战什么？

去挑战一些从未做过的事，例如更接近梦想，什么都可以。

问题 11-4 今天你希望以怎样的方式让谁开心？

思考一些以你自己的方式能做的快乐的事，细节才是关键。

参考回答 & 信息

问题 11-1 今天有哪些开心的事在等待着你?

- 见新客户。
- 有想和同事说的话。
- 今天的公司会议会有什么话题。
- 有一部一直期待的电视剧。

　　幸福的人擅长发现幸福，而不幸的人则擅长发现不幸，让自己成为能注意到生活中的幸福的人吧。

问题 11-2 今天你将怎样让自己开心?

- 去喜欢的饭店吃午饭。
- 回家的时候买几瓶啤酒。
- 体会完成工作的成就感。

　　让自己开心是非常重要的，幸福需要自给自足。自己处于满足的状态，就能给予身边的人幸福和爱。先从满足自己开始吧。

问题 11-3 今天你想要挑战什么?

- 试着与最近经常擦肩而过的同事好好聊一聊。
- 试着请上司把下一份工作交给自己。
- 空出能和伴侣好好交谈的时间。
- 翻阅堆积未读的书。

　　以没有时间、没有金钱或没有其他东西为借口的人，就算拥有了缺少的东西也不会去行动。不要关注自己没有的东西，而是从已有的东西中发现自己能做的事吧。

问题 11-4 今天你希望以怎样的方式让谁开心?

- 好好表扬部下。
- 向上司传达自己的感谢之情。
- 回家时买一点儿伴侣喜欢的东西。
- 试着从早上开始就精神饱满地和人打招呼。

　　多细小的事都没关系，从付出开始吧，爱的循环会由此诞生。

几个在晚上回答的问题，回顾一整天

每天晚上，仔细回顾一天中发生的事，并以此为动力。

问题 11-5 今天有什么进展顺利的事？

　　如果可以，试着列举三件事，多小的事都可以。

问题 11-6 今天有什么失败的事发生？

　　就算失败了，你也是出色的，大胆地写下来吧。

问题 11-7 今天你注意到了什么？

　　可以是从自己的经历中注意到的事，也可以是从与别人的谈话和相处中注意到的事。

问题 11-8 今天有哪些"感谢"？

　　写下自己对他人和他人对自己的感谢。

参考回答 & 信息

问题 11-5 今天有什么进展顺利的事？

- 做了完美的便当。
- 坐了更早一班的电车。
- 取得工作合同。
- 认真地教导了部下。
- 和朋友在一起的时间很愉快。

　　人总是有忍不住反省的习惯，总是将注意力集中在没做好的事上而忽视了圆满完成的事。改善自己的不足固然重要，但将那些顺利的事物变得更顺利才是正确的。

问题 11-6 今天有什么失败的事发生？

- 写的企划书被驳回了。
- 不小心说了伤害同事的话。
- 偶然走进一家午饭并不好吃的饭店。
- 过于繁忙，没时间和孩子交流。

　　回顾自己的失败可以帮助你进行改善。试着思考改善措施吧。

问题 11-7 今天你注意到了什么？

- 直截了当地说话做事，有时会有意外收获。
- 自己觉得好的事，别人未必会觉得好。
- 早起之后，一整天都会非常顺畅。
- 有意识地绽放笑容能让身边的人更加愉快。

　　回顾一天，将注意到的点写下来，就能发现细节。对你来说必要的知识都隐藏在每一天的日常生活中。培养自己注意细节的能力吧。

问题 11-8 今天有哪些"感谢"？

- 努力适应了新的工作，谢谢。
- 在我没注意到的地方为我做补充，谢谢。
- 今天也朝我绽放美好的笑容，谢谢。
- 和我说了真心话，谢谢。

　　适时犒劳自己是很重要的，向周围的人表达感谢也很重要。这样，你就会发现自己身处在别人的爱中。

在这个问题
的最后

你可曾尝试攀登高峰？

人们站在山脚，仰望山顶缭绕的云雾，不禁思考自己是否真的能攀登到那里，这过程又要花上自己多长的时间，于是有些绝望，也有些不安。开始攀登之后，人们也会担忧自己渺小的每一步是否真的能带自己到达顶峰。

但是，时不时抬起头看看身后的路，就会发现自己距离起点已经有了很远的距离，惊讶地发现自己已经走了这么长的路。我想，人生也是这样的。

现在的你因过去勤勤恳恳的努力而到达了这里，这都是你好好积累的结果。无论多么遥远的路途，都只能靠一步步的积累。有时，你可能会因看不清前方道路而不安，也会有被恐惧感包围的时候。

尽管双腿颤抖，也必须前进。如果独自前行会让你觉得害怕，你可以找一些在旅途中共同前进的伙伴。

即使你攀上了顶峰，也会立刻意识到还有更高的山峰。并非只有登上顶峰才是目的，在朝着理想稳步前进的路途中，尽情地享受吧。

🚩 任务：调整好每一天

试着写日记吧。每天都将这里介绍的所有问题的答案写下来。写下来可以帮助你整理脑中的想法，也能让你回顾过去，发现自己的变化和成长。

勤于谋人而疏于谋己

我想无论是谁都不愿意接受经常生病的医生的治疗吧。无论话说得有多漂亮，若无事实作为佐证，就只会变得滑稽可笑。言行一致是使人生变得更加丰富多彩的诀窍。

我在本书中写的知识，其实都是我在好多年前就已经知道的。不过，我能自信地断言自己已经活出自我、尽情享受精彩人生这件事，花了十年多的时间。

不管穿着怎样华美的衣服，与别人的相处之道及一些细小的行为举止，才能流露出一个人最真实的一面。相反，在真实之处已经几近完备的人，不管穿着怎样的衣服看上去都是最美丽的人。

我强烈地感受到，要不断打磨、提升真实的自己。不是说要做什么特别的事，而是要认真踏实地过好每一天。对每一件事都怀有明确的目标，用力生活。

我不是说要每一天都活得无比严苛，也不是说不可以停下来休息。我们可以有放空的时间，不过，不能浑浑噩噩地生活，拥有目标是很重要的。

真实的自己是由每日的生活方式积累而成的，是无法隐藏的。所以，认真过好每一天吧！

总结

在回答完问题之后

在回答完问题之后,为了使效果更好,我希望你能再做几件事。我来为你介绍一下。

1. 不断提问

也许有一些问题,你一时回答不上来,或者没找到满意的答案。也许其中还会有一些人感情动摇,逐渐感到痛苦。而正是这样的问题,对你来说才是重要的问题。

回答不上来的问题意味着你还有成长的空间。在平日里,将问题置于脑海一隅,也许在某个不经意的瞬间,满意的答案就会突然出现。对于那些使你感情动摇的问题,很可能是因为虽然你注意到了,却将回答隐藏了起来,或者是因为与你自身的价值观不符。

无论如何,这都是一个很好的了解自己的机会,希望你能好好思考为什么自己会产生这样的感情。

2. 意识

也许有人会注意到该重视什么,该成为怎样的自己。这一点是非常重要的。

对于人生来说,最重要的事就是珍视重要的事物。如果你能珍视你想珍视的事物,那么你的人生将会变得无比充实。

因此,"意识"是非常重要的,每天都会发生各种各样的事,无论多么重要的事,三天后就会被遗忘。或许你可以写在纸上,贴在看得到的地方,或者将它设成手机屏保,让它留在自己的视线之中。

另外,就我个人而言,我会制作检查清单,在每天睡前进行回顾,比如"每天向十个人说谢谢""表扬自己三次以上""发现小确幸"等。为

了将意识可视化，我非常推荐这种做法。

3. 付诸行动

无论你有多么远大的目标和梦想，如果只是止于想象，那么就什么都不会拥有。让人生充实的唯一的方法，也是最切实的方法，就是"付诸行动"。

但是，没有必要一下子就迈出一大步。从现在能做得到的小小的每一步开始积累吧。

就我而言，我给自己设置了"24 小时"的规则：在想到"想做什么"的时候，要在 24 小时之内迈出前进的一小步。如果不这么做的话，说明也许自己没有那么想做，那就爽快地放弃。希望你也能逐一积累自己的行动。

4. 多次重复

本书中介绍的问题不是回答了一次就可以了。既有一些希望你能每天回答的问题，也有不是这样的问题。但是，我希望你能每个月回答一次，至少每年都能回答一次。

这里介绍过的问题，会支持你走过今后的人生。即使是同一个问题，在不同的环境和自身成长的变化下，也会出现不同的答案。希望你能多次享受回答问题的乐趣。

写在最后

问题开创人生

我们每天的生活是"选择"的连续：现在要不要起床？要不要洗脸？要不要吃早饭……

有学者称，人每天都要进行两万次选择。也就是说，人生是由选择构成的，而选择又可以分为两种。一种被称为"可怕的选择"，即必须要做什么、应该要做什么，如今天必须要工作、成年人应该怎样等。这种选择，并不是自己想要这么做才会做，而是因为周围的人都这么说，所以才将其作为常识接受。做出这种选择让人觉得安心，这样就不会被他人排挤，也不会被批评。但是，这么做你真的会觉得心情舒畅吗？

另一种是"充满爱的选择"，也就是因为自己想做什么事而做出的选择。这种选择比起周围人怎么说，需要你更重视你自己怎么想。做出"充满爱的选择"需要勇气、决心和思想准备，不管别人怎么说，自己都要坚定信念。这种选择是非常充实的，能使你置身于没有借口的、自己满意的世界。但是，如果不了解自己，就无法做出"充满爱的选择"。如果习惯了比起自己的心情，更优先接受周围的价值观和常识，就会不知道对自己来说怎样才算是"充满爱的选择"。

在这种时候，希望你能多问自己一些问题。每发现一个答案，就能更加了解自己的内心，也能够发现"充满爱的选择"。

没有什么能阻挡你的幸福，也没有什么狭窄的围栏规定你必须要做什么。一切都是自由的，正如你所构想的那样。希望你能反复自问，拥有发自心底认可的人生。